教育部财政部职业院校教师素质提高计划职教师资培养资源开发项目

机械电子工程专业职教师资培养资源开发（VTNE011）

Introduction to Mechanical and
Electronic Engineering Education

机械电子工程
教育专业导论

杜学文 ◎主　编

徐巧宁 ◎副主编

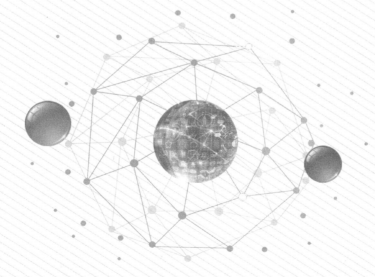

ZHEJIANG UNIVERSITY PRESS
浙江大学出版社
·杭州·

图书在版编目（CIP）数据

机械电子工程教育专业导论 / 杜学文主编. —杭州：
浙江大学出版社，2023.4
ISBN 978-7-308-23631-7

Ⅰ. ①机… Ⅱ. ①杜… Ⅲ. ①机电一体化－职业教育
－教材 Ⅳ. ①TH-39

中国国家版本馆 CIP 数据核字（2023）第 057235 号

机械电子工程教育专业导论

JIXIE DIANZI GONGCHENG JIAOYU ZHUANYE DAOLUN

杜学文　主　编
徐巧宁　副主编

责任编辑	王　波	
文字编辑	沈巧华	
责任校对	汪荣丽	
封面设计	春天书装	
出版发行	浙江大学出版社	
	（杭州市天目山路 148 号　邮政编码 310007）	
	（网址：http://www.zjupress.com）	
排　　版	杭州好友排版工作室	
印　　刷	杭州高腾印务有限公司	
开　　本	787mm×1092mm　1/16	
印　　张	11.25	
字　　数	281 千	
版 印 次	2023 年 4 月第 1 版　2023 年 4 月第 1 次印刷	
书　　号	ISBN 978-7-308-23631-7	
定　　价	45.00 元	

项目专家指导委员会

机械电子工程专业（VTNE011）丛书编委会

出版说明

自《国家中长期教育改革和发展规划纲要(2010—2020年)》颁布实施以来,我国职业教育进入加快构建现代职业教育体系、全面提高技能型人才培养质量的新阶段。加快发展现代职业教育,实现职业教育改革发展新跨越,对职业学校"双师型"教师队伍建设提出了更高的要求。为此,教育部明确提出,要以推动教师专业化为引领,以加强"双师型"教师队伍建设为重点,以创新制度和机制为动力,以完善培养培训体系为保障,以实施素质提高计划为抓手,统筹规划,突出重点,改革创新,狠抓落实,切实提升职业院校教师队伍整体素质和建设水平,加快建成一支师德高尚、素质优良、技艺精湛、结构合理、专兼结合的高素质专业化的"双师型"教师队伍,为建设具有中国特色、世界水平的现代职业教育体系提供强有力的师资保障。

目前,我国共有60余所高校正在开展职教师资培养,但由于教师培养标准的缺失和培养课程资源的匮乏,制约了"双师型"教师培养质量的提高。为完善教师培养标准和课程体系,教育部、财政部在"职业院校教师素质提高计划"框架内专门设置了职教师资培养资源开发项目,中央财政划拨1.5亿元,系统开发用于本科专业职教师资培养标准、培养方案、核心课程和特色教材等系列资源。其中,包括88个专业项目、12个资格考试制度开发等公共项目。该项目由42所开设职业技术师范专业的高等学校牵头,组织近千家科研院所、职业学校、行业企业共同研发,一大批专家学者、优秀校长、一线教师、企业工程技术人员参与其中。

经过三年的努力,培养资源开发项目取得了丰硕成果。一是开发了中等职业学校88个专业(类)职教师资本科培养资源项目,内容包括专业教师标准、专业教师培养标准、评价方案,以及一系列专业课程大纲、主干课程教材及数字化资源;二是取得了6项公共基础研究成果,内容包括职教师资培养模式、国际职教师资培养、教育理论课程、质量保障体系、教学资源中心建设和学习平台开发等;三是完成了18个专业大类职教师资资格标准及认证考试标准开发。上述成果,共计800多本正式出版物。总体来说,培养资源开发项目实现了高效益:形成了一大批资源,填补了相关标准和资源的空白;凝聚了一支研发队伍,强化了教师培养的"校-企-校"协同;引领了一批高校的教学改革,带动了"双师型"教师的专业化培养。职教师资培养资源开发项目是支撑专业化培养的一项系统化、基础性工程,是加强职教师资培养培训一体化建设的关键环节,也是对职教师资培养培训基地教师专业化培养实践、教师教育研究能力的系统检阅。自2013年项目立项开题以来,各项目承担单位、项目负责人及全体开发人员做了大量深入细致的工作,结合职教师资培养实践,取得了很多填补空白、体现科学性和前瞻性的成果,有力推进了"双师型"教师专门化培养向更深层次发展。同时,专家指导委员会的各位专家以及项目管理办公室的各位同志，克服了许多困难，按照教育部、财政部对项目开发工作的总体要求，为实施项目管理、研发、检查等投入了大量时间和心血，也为各个项目提供了专业的咨询和指导，有力地保障了项目实施和成果质量。在此，我们一并表示衷心的感谢。

编写委员会

2016 年 3 月

序

　　根据《教育部财政部关于实施职业院校教师素质提高计划的意见》(教职成〔2011〕14号)文件精神,在自主申报、学校推荐和教育部、财政部组织专家评审的基础上,2013年浙江工业大学获批教育部、财政部"机械电子工程专业职教师资培养标准、培养方案、核心课程和特色教材开发"项目(立项编号:VTNE011)。本项目属于"教育部、财政部职业院校教师素质提高计划职教师资培养资源开发项目",是国家"十二五"职业院校教师素质提高计划的重要组成部分。

　　中等职业学校机械电子工程类专业主要包括机电技术应用、数控技术应用、机电设备安装与维修以及机电产品检测技术应用等。这些都是目前我国中等职业教育格局中开办学校最多、培养学生最众、服务行业企业最广的专业。作为项目负责人,我有幸与来自浙江工业大学、河北师范大学、新疆大学等承担机械电子工程类专业职教师资培养的高校,部分国家级中等职业教育改革发展示范学校的名师和专业负责人,机械电子工程相关行业企业的专家和技术人员一起开展项目研究工作。项目具体的研究任务是:研究并制定中等职业学校机械电子工程类专业教师指导标准和培养标准、制定核心课程大纲、编写核心课程教材、开发教学资源库以及编制培养质量评价标准等。

　　项目于2012年申报,2013年教育部正式立项。项目组成员先后赴北京、天津、上海、广东、贵州、云南、四川、辽宁、吉林等地调研,经过了集中开题、中期检查和预验收等环节,并于2015年12月通过教育部、财政部组织的专家验收。整个项目研发过程历时3年,一千多个日日夜夜。大家虽然栉风沐雨,但依旧砥砺前行、同舟共济,按时完成各项研究任务并取得丰硕系列成果。项目组的各项工作在历次交流汇报和结题验收时均得到教育部专家组的一致好评。

　　作为项目的重要成果之一,本套丛书的系列核心教材包括《机械电子工程教育专业导论》(杜学文、徐巧宁)、《工程图表达与识读》(潘浓芬)、《电气控制与驱动技术》(陈德生)、《"互联网＋教育"课程开发与实施》(顾容)、《评分规则的理论与技术》(邵朝友)和《职业学校机电类专业教学法研究与案例解析》(李真、楼飞燕)。六本教材虽涉及的学科领域不同,各书作者自负文责,但是整体的编写体例和框架结构都充分考虑了中等职业学校专业课教师培养的特点与要求,同时兼顾本身内容的完整性和系统性。

　　借此丛书付梓之际,对原国家教委职教司刘来泉司长领衔,教育部职业教育中心研究所姜大源研究员、青岛科技大学张元利教授、广东省佛山市顺德区梁銶琚职业技术学校韩亚兰副校长、浙江农林大学沈希教授和教育部职业教育中心研究所吴全全研究员参加,同济大学王路炯博士担任秘书的专家组表示衷心的感谢！向其他给予项目开发工作指导的专家：教育部发展规划司郭春鸣副司长、教育部教师工作司教师发展处王克杰副处长、天津职业技术师范大学孟庆国教授、天津市科学技术协会卢双盈教授、河北师范大学职教学院院长刁哲军教授和天津职业技术师范大学李新发副教授表示衷心的感谢！对教育部依托同济大学设立的项目管理办公室全体工作人员的辛勤工作表示衷心的感谢！对丛书系列核心教材编著者的辛勤劳动表示衷心的感谢！对参与丛书系列核心教材配套教学资源开发的硕士研究生们表示衷心的感谢！同时也请广大读者、同行研究者提出宝贵意见和建议，以便我们进一步修改，共同努力为国家培养出高素质、专业化的中等职业学校机械电子工程类专业教师。

顾　容

2018 年秋于古运河畔

前　言

社会人才可划分为学术型、工程型、技术型、技能型四大类。通俗地讲,技能型人才是直接面向工作一线的人群。技能的层次有高有低,从某种程度上来讲,种地便是一种技能。农民通过熟练地应用某种方法、流程、程序或技巧,根据土壤、天气、水分、药物、种子等因素的内在规律,筛选优劣、优化步骤、降低损失、提高成效,使作物达到高产。对于这个领域的外行人来说,这无疑是技术含量很高的一个行当。当然,电工、水工、木工、车工、电器维修工等,也都是掌握了一定技能的人才。将高空翻跳的杂技演员、隔空取物的魔术师、能歌善舞的艺术家归为技能型人才,也一点都不过分。从表面上来看,技能型人才对知识体系的要求不高。还是以农民为例,他们对作物的类型、播种的数量、农药的配比、土壤的情况都了如指掌,但若让他们解释根茎的吸附和固着作用,种子的胚胎发育原理,农药的环状结构,土壤中矿物质、水、空气和有机物的构成,他们肯定一头雾水。同样,电工、水工和木工,甚至高技能领域的技师的技艺,也往往是从行家里手那里学来的通过年复一年大量重复练习巩固后的娴熟技艺,这就是学徒制在这一领域盛行的缘由,就连让人瞠目结舌的"庖丁解牛",也无非是"惟手熟尔",由此就不难理解技能型领域的人才是如何炼成的了。当然,随着工业社会的推进,技能型人才也需要大量的知识体系支撑,更多体现在技能的应用性上。

技术型人才要比技能型人才更进一层,不但要知其然,还要知其所以然。还是以农民种田为例,如果你生在农家,不管是否接受教育,有没有文化,跟着父辈下地干活,一般都会成为行家里手,都能掌握种田的技能。然而在一群农民当中,说某人会技术,或是技术专家,说明他不仅仅种田种得好,粮食产量高,而且还能说出其中的"道道"。这个"道道"可不简单,说得高深一些,他是掌握了其中的原理。这个原理不是空泛的、普适性的,而是具体依附于某个领域的,具有专门性。比如种田技术、育种技术、养鸡技术、插花技术等,都涉及技术领域,不仅要从手把手教学做中习得技术,还要学习书本知识,在生活中、在民间开展广泛的研究,以至于当突发情况出现的时候,比如作物遭受虫害、畜禽遭受瘟疫、花草需要嫁接的时候,能够运用自身已有的知识体系从容应对,解决问题,这一点也是技术和技能的本质区别之一。上述说法,如果稍作引申也许就不难理解了,比如水管工所要掌握的是管路识图、材料甄别、采暖安装、管道连接、排水疏通、仪表选配、消防布置等常规应用技能,而如果城市输水管道破裂了,就需要具备该领域专门知识体系的城市地下管道技术专家或城市下水管网检测与维护技术专家上场了。至于工程型和学术型人才,涉及关于科学、技术和工程的论证。这方面的专著论述非常多,并且往往要上升到哲学角度去讨论,这里不再赘述。从航空航天工程师和教育家塞厄道·冯·卡尔曼(Theodore von Karman)所声称的"科学家发现已经存在的世界,工程师创造从未存在的世界"中,也许可以意会出其中的道理。

至于工程和技术的相互关系,可以这样来讲。工程是经过对相关技术进行选择、整合、协同而将其集成为相关技术群,并通过与相关基本经济要素进行优化配置而构建起来的有结构、有功能、有效率的,体现价值取向的工程系统和集成体。也就是说,工程和技术在很大程度上有交集,但工程是比技术更大的概念,技术(特别是先进技术)往往是工程的基本要素,而工程涵盖技术,更多是体现相关技术的动态集成运行系统。

回到本书的主题,写一本工程领域"机械电子工程"专题的书似乎完全没有必要,因为图书馆充斥着这样的题材,从任何一本工科专业机电专题的教科书上,不用仔细研究就可以洞察这门学科的本质。然而在技术或技能型人才培养领域,特别是结合教育题材的导论书籍,的确很少见。如果对本书进行归类,应该不属于工程教育,而属于技术教育。那么,到底什么是技术教育呢?为了不把问题复杂化,我们尽量绕开专业的学术讨论和探究,不妨从实际生活的领域,比如社会分工的角度作些探讨。分工问题研究的领军人物是古希腊的色诺芬和柏拉图,但第一个对分工进行系统化、理论化论述的应当是亚当·斯密,其理论集中体现于《国民财富的性质和原因的研究》一书中。之后马克思在《资本论》中对分工也进行了深刻的研究,并提出了综合技术教育的概念,简要地说,就是要在理论和实际上熟悉一切主要生产部门。那么,这就等于给教育和社会分工画上了等号,而社会分工是职业分类的依据。随着科学技术的进一步发展,职业分工进一步精细,马克思起初所称的那种综合技术教育演变为:培养以脑力劳动为主的技术员的学校教育称为技术教育,培养以体力劳动为主的技术工人的学校教育称为职业教育。那么,"以脑力劳动为主的技术员"是什么概念呢?就是说懂技术、会操作,特别是要会教别人如何去做,在师徒制盛行的年代,他们就是所谓的"师傅",中高等师范教育兴起后,他们的特定称谓便是"老师"。于是,根据上面四类人才的划分,培养职业领域技能型人才的教育便称为职业教育,培养技术型人才的教育称为技术教育。由于技术教育更多与脑力劳动有关,逐渐衍生为技术师范教育。这是20世纪后期新兴的教育形式,主要为职业教育领域培养师资。由于每一种职业往往都有一定的技术要求,所以职业教育一般也称为职业技术教育,我国则统一称为职业和技术教育。

这样,《机械电子工程教育专业导论》的界限就厘清了,它面向的是技术教育和职业教育领域,技术教育有"高技能+师范性"的培养特色,注重技术性、原理性和师范性,职业教育则要注重实用性和操作性。当然,本书涉及的机械电子工程学科演化的逻辑、技术的内涵和趋势等,也能为工程教育或高等教育提供一些借鉴。基于这样的定位,本书的核心内容主要从以下三个方面展开论述。

第一,在专业认识方面,从历史发展的角度讲述"机械电子工程"技术和学科的来龙去脉以及教育体系的形成过程,使人们直观地了解,在千百年技术发展历史演变中,从远古时代发展而来的传统机械是如何与近代新兴的电子和计算机融合成为跨学科的机电一体化技术,再经过不到50年的时间发展壮大,进而形成一个独立的、不断自我完善的"机械电子工程"学科体系的。

第二,在专业内涵方面,假如读者是"门外汉",我们从知识科普的角度对"机械电子工程"进行普及教育,使其通过对机械电子工程内涵的理解意会到机械电子技术的本质,再通过数控技术、机器人技术以及快速成型技术(3D打印)等的讲述,对机械电子工程产生兴趣并加深认识,使"外行"快速入门。

第三,在专业教育方面,从学校专业教育的角度来讲,机械电子工程人才教育涉及两大部分的结合。首先是与工程相关的项目开发,从世界机电工程教育体系的研究中发现,该部分是掌握机电一体化技术的灵魂,也是人才教育的核心,对于技术师范教育来讲尤为重要。我们将通过"太阳能集热器平台项目开发"案例对机电项目的开发过程进行剖析讲解。其次是与教育相关的教学资源开发,这是机械电子工程技术师资人才培养中要解决的关键问题。我们以"六自由度平台教学资源开发""3D打印无人机教学资源开发(学生项目)""3D打印创意舞蹈机器人资源开发(学生项目)"等为例介绍教学资源开发的基本步骤。不论是负责项目开发的教师,还是主导或参与课外创新科技项目的学生,都可以从项目开发方案和设计流程中得到一些启发。

本书涉及知识科普的部分,根据大量国内外专业文献已核对,涉及专业人士的论述以及引用,已列出相关参考文献。有些观点经过多人转发转载,难以核对最初的出处,希望能得到作者反馈,以便保护个人知识产权。本书在编写过程中得到了很多人的支持,他们提供了大量素材和智慧,在此表示感谢,其中徐巧宁博士、陈德生教授整理了机械电子工程的核心内涵,李久胜副教授、梁雪研究生整理了机器人技术素材,金华强博士、楼建勇教授、王曼研究生整理了数控技术素材,邢彤副教授、艾青林教授整理了太阳能集热器测试系统开发素材,顾容研究员开发整理了"'机械电子工程'职教师资本科专业培养标准(提交审议稿)""中等职业学校机械电子工程类专业教师指导标准(提交审议稿)",王鹏飞博士、施罗杰研究生、潘炳本科生、陈志祥本科生等整理了关于六自由度机器人、3D打印无人机、3D打印舞蹈机器人等资源开发的素材。

编者
2022 年 6 月

目　　录

第1章 机械电子工程的历史演化

1.1 机械工程的起源和发展

1.1.1 认识机械

机械,源自希腊语之 mechine 及拉丁文 mechina,指"巧妙的设计"。作为一般性的机械概念,可以追溯到古罗马时期。西方最早的"机械"定义为古罗马建筑师马可·维特鲁威·波利奥(Marcus Vitruvius Pollio)在其著作《建筑十书》中给定的"机械是把木材结合起来的装置,主要对于搬运重物发挥效力"。其对机械和工具作了区别:机械(machane)和工具(organon)之间似乎有着以下的区别,即机械是以多数人工和很大的力量产生效果的,如重弩炮和葡萄压榨机,而工具则以操纵人员慎重地处理来达到目的,如蝎形轻弩炮或不等圆的螺旋装置,因此工具和机械都是在实际使用中不可或缺的东西。古希腊亚历山大的数学家希罗(Heron)在 1 世纪最早讨论了机械的基本要素,他认为机械的要素有五类:轮与轴、杠杆、滑车、尖劈、螺旋。希罗的论述反映了古典机械的特征。

1724 年,德国的廖波尔特(Leopold)给出的定义为"机械或工具是一种人造的设备,用它来产生有利的运动;同时在不能用其他方法节省时间和力量的地方,它能做到节省"。1841 年,英国机械学家威利斯(Willis)在其《机构学原理》中所给出的定义是"任何机械(machine)都由用各种不同方式连接起来的一组构件组成,使其中一个构件运动,其余构件将发生一定的运动,这些构件与最初运动之构件的相对运动关系取决于它们之间连接的性质"。1875 年,德国机械学家勒洛(Reuleaux)在其《理论运动学》中所给出的定义为"机械是多个具有抵抗力之物体的组合体,其配置方式使得能够借助它们强迫自然界的机械力做功,同时伴随着一定的确定运动"。现代中文之"机械"一词为英语之机构(mechanism)和机器(machine)的总称。

1.1.2 认识机械工程

机械工程(mechanical engineering)是一门利用物理定律为机械系统作分析、设计、生产及维修的工程学科。该学科要求学员对应用力学、热学、物质与能量守恒等基础科学原理有一定的认识,并利用这些知识分析静态和动态物质系统,设计、创造实用的装置、设备、器材、器件、工具等。机械工程学的知识可应用于汽车、飞机、空调、建筑、工业仪器等各个层面上。机械工程可把能量及物料转化成可使用的物品。从宏观的角度来看,我们生活中所接触的几乎每一件物体,其制造过程均与机械工程有关。机械工程专业内容范围广,合格的机械工程人员可从事不同行业的工作,包括制造、屋宇设备工程、发电站、海事、交通、环境保护、公共服务及学术机构等。任何现代产业和工程领域都需要应用机械,例如农业、林业、矿山等需要农业机械、林业机械、矿山机械;冶金和化学工业需要冶金机械、化工机械;纺织和食品加工工业需要纺织机械、食品加工机械;房屋建筑和道路、桥梁、水利等工程需要工程机械;电力工业需要动力机械;交通运输业需要各种车辆、船舶、飞机等;各种商品的计量、包装、储存、装卸需要相应的工作机械;人们日常生活中也越来越多地应用各种机械产品,如汽车、自行车、缝纫机、钟表、照相机、洗衣机、冰箱、空调、吸尘器等。

机械工程是以有关的自然科学和技术科学为理论基础,结合在生产实践中积累的技术经验,研究在开发、设计、制造、安装、运用和修理各种机械中的全部理论和解决实际问题的一门应用学科。各个工程领域都要求机械工程有与之相适应的发展,都需要机械工程提供所必需的机械相关技术,某些机械的发明和完善,又导致新的工程技术和新产业的出现和发展。例如大型动力机械的成功制造,促成了电力系统的建立;机车的发明导致铁路工程和铁路事业的兴起;内燃机、燃气轮机、火箭发动机等的发明和进步以及飞机和航天器的成功研制导致航空航天工程和航空航天事业的兴起;高压设备(包括压缩机、反应器、密封技术等)的发展促使许多新型合成化学工程的成功。机械工程在各方面不断提高需求的压力下获得发展动力,同时又从各个学科和技术的进步中得到改进和创新的能力。

1.1.3 机械工程的历史发展演变

机械工程的历史久远,在希腊文明鼎盛时期,希腊机械工程师便开始应用科学和艺术原理制作不同的机械工具或设备。阿基米德是这一时期的代表人物,他解释了杠杆原理,并设计了大量的创新型机器,如螺旋泵,后来被称为阿基米德螺旋泵,用来泵水。当时的欧洲,在工程和日常生活中,经常使用一些简单机械,譬如螺丝、滑车、杠杆、齿轮等,阿基米德花了许多时间对其进行研究,提出了"杠杆原理"和"力矩"的概念。对于经常使用工具制作机械的阿基米德而言,将理论运用到实际的生活中是轻而易举的,他曾说"给我一个支点,我可以撬起整个地球"。1900年10月在希腊安提基特拉岛海岸外沉船中发现的安提基特拉机械是目前所知最古老的复杂科学计算机。《自然》(Nature)期刊论文宣称该机械装置也与阿基米德直接相关,机器内含多个齿轮,被认为是世界上第一个模拟计算机,阿基米德的被命名为"球体制造"的一些手稿(现已丢失)中有关于此类机械装置的制造方法。制造这类机械需要极其尖端的差动齿轮知识和技术,曾一度被认为已经超出了古代的技术能力范畴,但安提基特拉机械可以证明早在古希腊这类装置就已经出现了。

远古时代的机械由人或水驱动,水磨用来研磨稻谷,并在冶金行业中为锻锤和风箱提供强大动力,在一些地方,矿井吊车由水车驱动,齿轮传动已经被应用到水轮车技术中。古希腊数学家希罗描述了一个由活塞提供空气动力而驱动的管风琴,旋转水轮可带动管风琴活塞运动,也就是说,曲柄滑块机构在那个时代已经被掌握了。希罗还发明了汽转球,这种快速反应引擎的应用是关于蒸汽引擎的首次记录。世界上第一台自动售货机也出自希罗之手,当硬币被投入机器顶端的插槽以后,一定数量的圣水便从下面流出来,这一发明记录在希罗撰写的一部名为《机械学与光学》的书中。

在古希腊机械工程师、物理学家费隆(Philo)所著的九卷本著作《机械原理手册》中,第四卷是关于战争中投射器具的记述,第五卷是关于用空气或水驱动的吸水管及其他设备的记述,第六卷是关于自动装置的记述。造船是应用木制品和水工艺学的另一个例子,划桨船在拉美西斯三世时期(Ramses Ⅲ)便获得了古埃及人的青睐。阿基米德设计了一个巨大的划桨夹板船,将其命名为"Syrakosia",这艘船是世界上第一艘三桅帆船。中国在六朝时船舰已能进行远洋航行。《太平御览》卷七百六十九引《南州异物志》记述了中国在六朝时期的造船技术"外域人名船曰舶,大者长二十余丈,高去水三二丈,望之如阁道,载六七百人,物出万斛"。《荆州记》亦载"湘州七郡,大艑寻求所出,皆受万斛"。

中世纪时期,经院哲学寻求信仰和理性之间的和谐,它在不知不觉中促进了数学和科学的发展,土木科学、冶金和基础科学在这个时期得到了很大提升。印度铁匠发明了乌兹技术锻造钢材,这项技术出现在公元第一个千年,除此之外,机械工程在这个时期几乎没有任何发展,大部分机器由动物或水力驱使,风车在这个时期的应用依然非常普遍。

法国的百年战争促使大量的装备和武器产生,并且大规模使用火药及火炮。但这场持续了一百多年的战争,仅仅是英国和法国的皇族及贵族争夺权力的一场游戏,而对两国人民都是一场灾难,当既得利益者举杯狂欢的时候,那些痛失家园及亲人的无辜平民只能在黑暗中无声痛哭。当时又是淋巴腺鼠疫——历史上称为黑死病流行的时代,这场瘟疫是人类历史上最严重的瘟疫之一,1340年散布到整个欧洲,高峰出现在1348到1350年,在全世界造成了大约7500万人死亡。瘟疫暴发期间的中世纪欧洲约有占人口总数30%的人死于黑死病,特别是英国、法国、西班牙和德国,战争及瘟疫使科学技术的发展遭受重挫。

文艺复兴是发生在14世纪到17世纪之间的文化运动,发源于意大利佛罗伦萨等城市,之后扩展到欧洲各国。这场运动对世界自然科学、文学、哲学、艺术、政治、宗教、建筑等各方面均产生了深刻的影响,闻名于世的代表人物,如意大利诗人阿利盖利·但丁、画家列奥纳多·达·芬奇、雕塑家米开朗琪罗·博那罗蒂,西班牙作家米格尔·塞万提斯,德国的改革运动家马丁·路德,英国作家威廉·莎士比亚,波兰天文学家尼古拉·哥白尼等均出现在这个时期。文艺复兴不但抨击了腐朽的文化和制度,重要的是使人们的思想得到了革新,进而对人类科技的发展进程产生了深刻的影响,标志着人类开始进入现代社会。文艺复兴时期,科学、人文和技术的发展相互交错,典型的例子是与米开朗琪罗·博那罗蒂和拉斐尔·桑西并称为"文艺复兴三杰"的列奥纳多·达·芬奇,除了是画家,还是雕刻家、音乐家、数学家、地质学家、植物学家、作家、建筑师和工程师。他通过研究鸟类飞行,设计了多个飞行器;绘制了无段连续自动变速箱草图,其概念被应用到现代化汽车上并使用了多年;构思了大量军事机械的设计,并系统掌握了空气动力学……以至于后世历史学家都将其称为"现代科学之父"。在文艺复兴时期科学家们所提出的物理力学问题中有两个问题对于机械工程的发展有着根本影响:一是力的合成定律和力的平行四边形法则;二是梁的弯曲。意大利科学家伽利略·伽利雷(Galileo Galilei),对机械工程科学的发展做出了巨大贡献。虽然他早年严肃地考虑过是否当传教士,但在父亲的坚持下他到比萨大学学医。1581年他偶然发现风中摇摆的吊灯在空中划出大小不一的轨迹,与自己的脉搏对比后,他发现不论吊灯摇摆的距离如何,其周期时长都是相同的。后来经过多次实验他证明了该结论。这段时期他极力回避数学,因为行医挣的钱比数学多得多。但一个偶然的机会,他旁听了学校的几何课程并产生了极大的兴趣。随后他向父亲要求改修数学和自然哲学,父亲极不情愿地答应了他。之后他设计并制作了大量仪器装置,比如利用空气膨胀原理发明的温度计,利用擒纵机构设计的摆钟,这种机构能将齿轮的圆周运动转换为摆动运动。1586年他出版了一个小册子，里面记录了他发明的液压秤，这使他渐渐得到了学术界的关注。伽利略通过实验证明，物体在引力作用下不是保持匀速运动的，而是做加速运动的，同时推翻了亚里士多德关于不同重量的物体降落速度不同的论点。他还提出了惯性原理，即不受外力的物体保持匀速直线运动或静止。伽利略提出的关于数学及其在应用科学方法上的应用，为艾萨克·牛顿(Isaac Newton)提出第一、第二定律提供了重要启示。1687年牛顿发表了《自然哲学的数学原理》，阐述了万有引力定律和三大运动定律，奠定了此后三个世纪力学和天文学的基础，并成了现代工程学的重要基石。

古希腊的哲学家和科学家提出了宇宙存在的四要素：土、火、水和空气。在古印度人的思想里，空间被认为是除此之外的另一要素。在这些要素当中，空气和水通常用来提供原动力。然而直到17至18世纪，人类才开始将热作为动力源的探索。1650年，德国物理学家奥托·冯·格里克(Otto von Guericke)发明了活塞式真空泵，并利用这一发明于1657年设计并进行了著名的马德堡半球实验，展示了大气压的大小，并推翻了之前亚里士多德提出的"自然界厌恶真空"（即自然界不存在真空）的假说。1656年，英国物理学家和化学家罗伯特·波义耳(Robert Boyle)借鉴格里克的设计，与英国发明家罗伯特·胡克(Robert Hooke)一起发明了抽气机（后者制造了真空泵、显微镜和望远镜，并提出了描述材料弹性的基本定律——胡克定律，即固体材料受力之后，材料中的应力与应变呈线性关系）。利用抽气机，波义耳和胡克证明了压强、温度和体积之间有一定的关系，波义耳给出了波义耳定律：一定温度下的一定量气体，其压强与体积成反比。1679年，波义耳的助手丹尼斯·帕潘(Denis Papin)发明了蒸汽蒸煮器，这是一个严密封盖的容器，里面会产生高压气体。帕潘后来对他发明的蒸煮器作了改进，加装了放气阀门，避免爆炸，这便是蒸汽机和压力锅的前身，但是帕潘没有实现自己的想法。1698年，英国军事工程师托马斯·萨弗里(Thomas Savery)发明了第一台蒸汽机，他将蒸汽机通入密闭容器，然后将容器用冷水冷却，使其中的蒸汽凝结，从而产生真空。1699年，他在英国皇家学会展示了该设备原理，并第一次使用了"马力"这个词。他后来利用该设备从矿井中抽水，又利用锅炉蒸汽将容器里的水排空，这个循环过程反复进行，节省了矿工大量的体力和时间，萨弗里因此被称为"矿工之友"。1712年，英国工程师和发明家托马斯·纽科门(Thomas Newcomen)也发明了一种蒸汽机，该蒸汽机被应用于矿区和油田，节省了大量人力。这些早期的蒸汽机非常粗糙，效率很低，但吸引了当时顶尖的科学家。1759年，英国皇家学会院士、爱丁堡皇家学会院士、著名发明家和机械工程师詹姆斯·瓦特(James Watt)开始设计蒸汽机，屡经失败。瓦特向格拉斯哥大学的教授约瑟夫·布拉克(Joseph Black)求教，布拉克向其讲解了自己提出的热容和潜热的概念，瓦特还提出了分离冷凝器的想法并付诸实施，终于显著提高了蒸汽机的效率。瓦特改良了纽科门的蒸汽引擎，纽科门和瓦特早期提出的引擎均使用由蒸汽冷凝产生的真空（低压）而非蒸汽膨胀产生的压力（高压），后来才使用高压蒸汽。瓦特又对蒸汽机作了诸多改进并获得了一系列专利。他发明了双向气缸，使得蒸汽能够从两端进出从而推动活塞双向运动；使用节气阀门与离心调速器来控制气压与蒸汽机的运转；发明了一种气压指示器来观测蒸汽状况；发明了三连杆组，保证气缸推杆与气泵的直线运动等。1781年瓦特又创制出提供回转动力的蒸汽机，扩大了蒸汽机的应用范围。蒸汽机的发明和发展，使矿业和工业生产、铁路和航运都得以机械动力化，蒸汽机几乎是19世纪唯一的动力源。

18世纪以前，机械匠师全凭经验、直觉和手艺进行机械制作，与科学几乎没有联系。

18—19 世纪,在新兴资本主义经济的推动下,掌握科学知识的人士开始注意生产,而直接进行生产的匠师则开始学习科学文化知识。他们之间的交流和互相启发取得很大的成果,在这个过程中,逐渐形成一整套围绕机械工程的基础理论。动力机械最先与当时的先进科学相结合。1824 年,年仅 28 岁的法国物理学家、工程师尼古拉·卡诺(Nicolas Carnot)发表了他 36 年生命中唯一的出版著作《论火的动力》。卡诺在这部著作中提出了卡诺热机和卡诺循环概念及卡诺原理(现在称为卡诺定理),但他的研究当时并没有引起外界的关注。卡诺生前的好友罗贝林(Robelin)在法国《百科评论》杂志上曾经这样写道:卡诺孤独地生活、凄凉地死去,他的著作无人阅读,无人承认。不过后来他的理论被德国物理学家、数学家鲁道夫·克劳修斯(Rudolf Clausius)和英国数学物理学家、工程师威廉·汤姆森(William Thomson)重新陈述。克劳修斯和汤姆森在 1850 年发表的关于热的力学理论论文中,首次明确提出了热力学第二定律,并于 1855 年引进了熵的概念。《论火的动力》这部著作因此成为热力学进入现代科学的标志,卡诺也被称作“热力学之父”。蒸汽机的发明人萨弗里、瓦特应用了物理学家帕潘和布拉克的理论;在蒸汽机实践的基础上,物理学家卡诺、兰金(Rankine)和开尔文(Kelvins)建立起一门新的学科——热力学。内燃机的最重要的理论是法国人阿方斯·罗沙(Alphonse Rochas)在 1862 年创立的。他认为要想尽可能提高内燃机的热效率,必须使单位气缸容积的冷却面积尽量小,膨胀时活塞的速率尽量大,膨胀的冲程尽量长。在此基础上,他在 1861 年提出了著名的等容燃烧四冲程循环:进气、压缩、燃烧和膨胀、排气。其他如汽轮机、燃气轮机、水轮机等都在理论指导下得到发展,而理论也在实践中得到改进和提高。

在工业革命以前,大多数工程项目都限于军事及城市发展,军事领域的工程师负责研制战争工具和系统,城市发展领域的工程师则负责研制建筑和地面设施。直到 18 世纪,欧洲的工程项目才更多被应用到民用领域,如运河和桥梁建设。技术的发展促进了 18 世纪末到 19 世纪初的工业革命。工业革命是由纺织工业的机械化、冶炼技术的发展和精致煤炭的使用所引发的,是从工厂手工业向机器大工业过渡的阶段。英国物理学家和机械工程师约翰·斯密顿(John Smeaton)就是这个时期的代表人物。随着机械工程的蓬勃发展和蒸汽时代的来临,他开发了水力发动机和水车,并且改造了纽科门蒸汽机。同时,他还负责修建了大量桥梁、运河、港口和灯塔,因此他自称为“土木工程师”,也被后世称为“土木工程之父”。最早的专业土木工程师组织成立于 1818 年。

英国物理学家詹姆斯·焦耳(James Joule)在研究热的本质时,发现了热和功之间的转换关系,并由此提出了能量守恒定律,最终发展出热力学第一定律。国际单位制导出单位中,能量的单位——焦耳,就是以他的名字命名的。他和开尔文合作发展了温度的绝对标尺。他还观测过磁致伸缩效应,发现了导体电阻、通过导体的电流及其产生热能之间的关系,也就是常称的“焦耳定律”。1861 年,德国机械工程师尼克劳斯·奥托(Nikolaus Otto)制造出第一台四冲程内燃机。1876 年,奥托研制出四冲程往复活塞式内燃机,1877 年获得美国专利。在以后的十几年中,奥托共制造和出售了 5 万台这种内燃机。1878 年美国开始生产奥托内燃机,1886 年奥托内燃机的专利被宣布无效,因为竞争者提出在奥托之前,早在 1862 年,法国的阿方斯·罗沙(Alphonse Beau de Rochas)已获得四冲程循环内燃机专利。但罗沙并没有制成任何实际的四冲程循环内燃机产品,而奥托是第一个应用四冲程循环原理制成内燃机的人,所以人们习惯上仍把“奥托”作为四冲程内燃机循环的代名词。1860

年,法国的勒努瓦(Lenoir)比罗沙早两年拿到了内燃机专利,他使用可燃气体作为引擎燃料,到 1865 年为止生产了超过 300 部从 1/3 马力到 3 马力不等的引擎。这些四冲程引擎使用含有氢、甲烷和一氧化碳混合的城市天然气作为燃料,压缩率低,效率低。勒努瓦将一个引擎安装在四轮马车上,这是汽车的雏形,后来又将引擎安装在船上。早期发动机的转速一般只有 200r/min 左右,德国的戈特利布·戴姆勒(Gottlieb Daimler)发明的引擎能达到 1000r/min。1892 年,德国的鲁道夫·狄塞尔(Rudolf Diesel)发明了采用压缩点火的柴油机。其主要特征为使用压缩产生的高压及高温点燃气化燃料,而无须另外点火。目前的柴油引擎使用的燃料为柴油,但狄塞尔的发明原意是可以使用不同种类的燃料。事实上,他在 1900 年的世界博览会展示他的发明时,使用的燃料是花生油。由于狄塞尔的贡献,柴油引擎使用的原理称为"狄塞尔循环"。

世界上第一台蒸汽汽车的发明始于 1769 年,气体混合内燃机引擎的发明始于 1806 年。1807 年,法国籍瑞士发明家艾萨克·里瓦斯(Isaac de Rivas)制造了首辆氢内燃车,可惜并未成功。1826 年,英国工程师、发明家萨缪尔·布朗(Samual Brown)通过驱动机车成功测试了他的氢动力内燃机。1870 年,德国籍奥地利发明家齐格弗里德·马库斯(Siegfried Marcus)在简易手推车上测试了液体燃料内燃机引擎,这是第一辆由汽油驱动的汽车,但真正使用汽油驱动的实用汽车是在 1885 年产生的。德国工程师卡尔·本茨(Karl Benz)在曼海姆制造出一辆装有 0.85 马力汽油机的三轮车,被认为是世界上第一辆真正的汽车。该车现保存在慕尼黑博物馆内。1886 年 1 月 29 日,本茨的三轮汽车专利获得批准,这一天被称为现代汽车的诞生日,同年 7 月,世界第一辆四轮汽车正式贩售。

20 世纪初期,美国汽车工程师亨利·福特(Henry Ford)创造了汽车制造的流水装配线,大量生产技术加上美国管理学家弗雷德里克·泰勒(Frederick Taylor)在 19 世纪末创立的科学管理方法,使汽车和其他大批量生产的机械产品的生产效率很快达到了过去无法想象的高度。早期的机械工程师使用物理原理发明、设计并开发机器,泰勒便是典型代表之一,他对提高产品生产效率很感兴趣,并将管理思想引入机械工程,因此被称为"科学管理之父"。他还研究了加工,并得到了切割速度和刀具寿命之间的实证关系,因此又被称为"工业工程之父"。19 世纪前 20 年机床的发展促使更多机器出现,由于机器的发明及运用是这个时代的标志,因此历史学家称这个时代为"机器时代"。20 世纪中后期,机械加工的主要特点是:提高了机床的加工速度和精度,降低了对手工技艺的依赖;发展少无切削加工工艺;提高了成形加工、切削加工和装配的机械化和自动化程度。自动化从机械控制的自动化,发展到电气控制的自动化和计算机程序控制的完全自动化,直至无人车间和无人工厂;利用数字控制(numerical control,NC)机床、加工中心、成组技术等,发展柔性加工系统,使中小批量、多品种生产的生产效率提高到接近于大量生产的水平;研究和改进难加工的新型金属和非金属材料的成形和切削加工技术。

这个时期蒸汽动力在船运上的应用也获得巨大发展。第一个将蒸汽动力用于船运的是美国工程师约翰·菲奇(John Fitch),他从 1785 年开始着手将瓦特刚推出的双向蒸汽机装在帆船上,花了 3 年时间终于造出了 4 艘第一代汽船。可惜的是,他的汽船没有引起公众的关注,投入使用时乘客不多。1790 年,他最好的一艘汽船在从费城到特伦顿的途中操作失灵,宣告了这项事业的失败。第一艘实用的汽船由美国发明家罗伯特·富尔顿(Robert Fulton)制造。1807 年,这艘名为"克莱蒙特"号的汽船在哈德逊河(Hudson River)上的试航非常成功,从纽约到奥尔巴尼只用了 32 小时,比一般帆船快,再加上它十分平稳,吸引了众多旅客。1814 年,富尔顿为美国海军建造了第一艘蒸汽军舰,开创了海上战争的新时代。1812 年,英国的第一艘汽船"彗星"号顺利下水,同期,法国和德国也造出了自己的汽船。汽船的问世掀起了开凿运河的热潮。19 世纪二三十年代,汽船成为当时西方国家主要的内河航运工具。1819 年,美国的蒸汽帆船"凡尔纳"号成功横渡大西洋,它满载棉花从美国的萨凡纳港出发,用了 26 天时间到达英国的利物浦。1838 年,英国商船"天狼星"号完全利用蒸汽动力横渡大西洋成功,宣告海上远航也进入了蒸汽时代。1804 年,约翰·斯蒂文森(John Stevens)建立了第一个用于批量生产的机械工厂,带动了铁路事业的发展,他因此被称为"美国铁路之父"。伴随着蒸汽动力汽车、船舶的发展,电力技术也迅速获得发展,1850 年开始了第二次工业革命。

　　世界上建立最早的机械工程学术团体是英国机械工程师学会,成立于 1847 年,其第一任主席是铁路机车发明家乔治·斯蒂芬森(George Stephenson)。英国机械工程师学会的建立,标志着机械工程已确立为一个独立的学科,机械工程师被社会公认为受尊敬的职业。在此之前,从事机械制造、使用和修理的人,被称为机器匠,社会地位不高。随着作为一个独立工业部门的机械制造的日益发展,各国机械工程师学会纷纷建立,这在很大程度上反映了在机械工业初创阶段,企业主和技术人员要求自由开展学术交流、维护共同利益、争取提高社会地位的共同愿望。在西方,机械工程师学会和机械工程学科同时诞生,在推动学科发展、提高机械工程师的社会地位方面起了重要的作用。英国机械工程师学会根据国家法律规定,有权考核工程师,并授予特许工程师称号。德国工程师学会成立于 1856 年,主要活动范围是机械工程,它在制定指导性技术文件方面在全国处于领先地位。美国机械工程师学会成立于 1880 年,它承担美国机械工业标准的制定工作。日本机械工程师学会成立于 1897 年。印度机械工程师学会成立于 1920 年。中国机械工程学会成立于 1936 年。美国在 1948 年成立了工业工程师协会。20 世纪以来,特别是第二次世界大战以来,各国机械工程学术团体有了大规模的发展,国际学术交流也日益频繁,机械工程的一些专业分支学科纷纷建立世界性统一的学术团体,例如国际焊接学会、国际铸造技术协会委员会、国际材料热处理联合会、国际机构学和机器科学联合会、国际压力容器技术理事会、国际无损检测委员会、国际摩擦学理事会、国际生产工程研究会等。随着机械工程学科各分支与相邻专业学科的互相渗透和综合,出现了一批国际性的工程学术团体,如 1950 年成立的国际技术协会联盟、1968 年成立的世界工程组织联合会等,这些团体的成员是近百个国家的工程组织,并取得联合国教科文组织的支持。在这些国际工程组织中,机械工程学科和学术团体往往是中坚力量。

　　机械工程发展过程中的里程碑事件如表 1-1 所示。

表 1-1　机械工程发展的里程碑事件

事　　件	发生年份
托马斯·萨弗里发明第一台蒸汽机(用于水泵)	1698
托马斯·纽科门发明的蒸汽机应用于矿区和油田	1712
詹姆斯·瓦特设计出第一台蒸汽机样机并获得用单独冷凝器为蒸汽机提供动力的专利	1769
理查德·福特制造出第一台交叉辊轧机	1776

续表

事　件	发生年份
理查德·特里维西克研发高压引擎	1799
发明气体混合内燃机引擎	1806
乔治·斯蒂芬森造出第一列火车	1814
萨缪尔·布朗获得第一项用于商业的内燃机引擎专利	1823
尼克劳斯·奥托开发出实用性四冲程内燃机	1876
卡尔·本茨获二冲程内燃机专利	1879
詹姆斯·阿特金森开发出阿特金森循环引擎	1882
赫尔曼·霍尔瑞发明卡片打孔记录信息的机电设备	1890
鲁道夫·狄塞尔用花生油驱动柴油机引擎	1900
埃吉迪乌斯·埃林（"燃气轮机之父"）制造出首台燃气轮机	1903
莱特兄弟在德国和法国申请飞机专利	1904
第一架军用飞机成功试飞	1909
波音首架 12 座双翼客机 Model 80 成功首飞	1928
第一台数控机床诞生	1952
第一台计算机数控（computer numerical control，CNC）机床诞生	1957

1.2　电子技术的演变与发展

1.2.1　从自动控制说起

"自动控制"这个术语直到 20 世纪 40 年代才开始流行。当时福特汽车公司发明了这个词，用以说明机器将小零部件从一个地方传送到另一个地方，并将其放置在刚刚好的位置以便于进行其他的组装操作过程，但是自动化机械系统的成功开发在此之前很早就有了。根据《中国大百科全书》，自动化是指机器或装置在无人干预的情况下按规定的程序或指令自动进行操作或控制的过程。按此定义追溯，由于浮动调节器机械装置的发展，公元前 300 年到公元前 1 年在希腊就出现了自动化控制系统的早期应用。有两个重要的例子：其一是数学家和发明家克特西比乌斯（Ctesibius）的滴漏，就使用了浮动调节器，据说是一种改良的滴漏计时器——水钟，其利用恒速滴落的水滴使一个带指针的浮子上升，借以表示时间的推移；其二是机械工程师、物理学家费隆发明的油灯，同样也使用了浮动调节器来维持燃油的恒定水平。在 1 世纪，古希腊数学家希罗出版了一本名为《气动力学》的书，其中描述了使用浮动调节器的水平机械装置的不同种类。公元 132 年东汉科学家张衡发明的候风地动仪是世界上最早的地震仪，也是自动控制最早的应用范例之一。候风地动仪的关键机构是一根称为"都柱"的倒立摆，其重心高于摆动中心，在受地震横波袭击时，由于惯性力作用，它将倒向震源方向，从而带动该方向的传动部件，相应方向龙口中的铜丸便掉落在蟾蜍口中。指南车是另一个范例，从三国时开始，历代史书几乎都有指南车的记载。有历史典籍显示三国时马钧利用差动齿轮机械机构原理,成功制造了第一辆双轮单辕指南车,但是介绍得比较简略,直至宋代才有完整的资料。《宋史》较详细地记载了指南车的内部结构。其自动控制实现原理可能有两种,类似于用扰动补偿的自控系统:一是利用磁铁的指极性;二是利用齿轮传动系统,依靠机械传动系统的定向性,指南车利用齿轮传动系统和离合装置来指示方向。在欧洲,17 世纪到 19 世纪期间,许多对机械电子学做出决定性贡献的重要装置被发明。荷兰的工程师、发明家科内利斯·德雷贝尔(Cornelis Drebbel)是第一艘作战潜艇(1620 年)的建造者,他是一位创新家,为测量和控制系统、光学、化学的发展做出了贡献,他发明了温度调节器。德雷贝尔还是一个炼金术士,他怀疑炼金炉里的铅之所以变不成金子,可能是因为热源温度波动太大,所以在 17 世纪 20 年代他拼凑了一个可以对炼金原材料进行长时间适温加热的迷你熔炉。德雷贝尔在小炉子的一边连接了一个钢笔大小的玻璃试管,里面装满了酒精,酒精受热膨胀把水银推入与之相连的第二个试管,而水银又推动一根制动杆,制动杆则会关闭这个炉子的风口,显然,炉子越热,风口被关得越久,火也就越小,冷却了的试管会使制动杆回缩,从而打开风口让火变大。由于这个恒温熔炉并没有炼出金子,所以没有向世人公开这个设计。在今天看来,这项发明足以代表那个时期最早的反馈系统,可以称得上是影响全世界的反馈系统范例。然而到 18 世纪上半叶这项技术在法国被发现并重新利用的时候,也仅仅是作为孵鸡蛋的恒温容器。丹尼斯·帕潘在 1681 年发明了用于蒸汽锅炉的压力保护调节器,帕潘的压力调节器有点像现代的高压锅调节阀。最早的机械计算器——加法器 Pascaline,其全称为滚轮式加法器,由法国哲学家兼数学家布莱士·帕斯卡(Blaise Pascal)发明。19 岁的帕斯卡在 1642 年为了帮助父亲解决税务上的计算问题,做了一台可以计算税款的机器。该机器由一系列齿轮组成,像一个长方形盒子,用类似于儿童玩具那种钥匙旋紧发条后就能转动。它有 6 个轮子,分别代表个、十、百、千、万、十万,顺时针拨动轮子可以进行加法运算,而逆时针则进行减法运算。然而,即使只做加法,也有逢十进位的问题,帕斯卡采用一种小爪子式的棘轮装置,当定位齿轮朝 9 转动时,棘爪便逐渐升高,一旦齿轮转到 0,棘爪就"咔嚓"一声跌落下来推动十位数的齿轮前进一挡,这可以算得上是现代计算机的鼻祖。

控制理论的进步刺激了自动控制的进一步演变,俄罗斯宣称历史上最早的反馈系统是由俄罗斯的普尔佐诺夫(Polzunov)在 1765 年开发的。普尔佐诺夫的水平浮动调节器使用了一个根据水位上升和下降的悬浮物,来控制锅炉中盖在进水口处的阀。瓦特于 1769 年制造出冷凝式蒸汽机,1776 年制造出第一台有实用价值的蒸汽机,1788 年在前人基础上将飞球调节器应用在蒸汽机上,用来控制蒸汽机的速度,进一步推动了蒸汽机的应用,后人称之为瓦特飞球调速器。其原理是在离心式调速器中安装两个飞球锥摆,其旋转速度和蒸汽机输出轴速相同,当蒸汽机的输出轴速提高时,飞球因离心力移到调速器的外侧,带动机构关闭蒸汽机进气阀门,使得蒸汽机速度下降,当蒸汽机输出轴速过低时,飞球会移到调速器的内侧,开启蒸汽机进气阀门。利用输出轴的速度和飞球的运动来控制阀,使得进入发动机的蒸汽得以控制,随着发动机速度的提高,调速器装置上的金属球上升并从杆状调节轴伸出,从而关闭阀门。这其实是一个反馈控制系统,其反馈信号和控制驱动都完全由机械硬件装置组成。这样的反馈系统可以追溯到我国北宋时代,公元 1086—1089 年苏颂和韩公廉利用天衡装置制造的水运仪象台就是一个按负反馈原理制成的闭环非线性自动控制系统。其上层是一个露天的平台,设有一座设浑仪,用龙柱支持,下面有水槽以定水平,中层是一间没有窗户的密室,里面放置浑象,天球由机轮带动旋转,昼夜转动一圈,真实地再现了星辰起落等天象的变化。无论如何,飞球调节器被公认为世界上第一个自动控制系统,因为其进一步推动了蒸汽机的应用,并促进了工业发展和社会进步。在随后的一个世纪中,工业自动控制系统完全由蒸汽机和离心调速器所主导,究其根源是没有自动控制理论的指导,在此期间,飞球调节器有时会使蒸汽机速度出现大幅度振荡,其他自动控制系统也有类似的现象。由于当时还没有自动控制理论,没有人能从根本上解释这一现象,以至于盲目探索了大约一个世纪之久。

早期成功的自动控制发展是通过直觉的知识、实践技能的运用和坚持不懈达成的,自动控制的下一步发展需要自动控制理论的支撑。用于自动化制造(在 20 世纪五六十年代于美国麻省理工学院得到进一步发展)的数字控制机器的先驱出现在 19 世纪前期。当时的法国人约瑟夫·玛丽·雅卡尔(Joseph Marie Jacquard)发明了织布机的前馈控制系统。19 世纪 30 年代,迈克尔·法拉第(Michael Faraday)描述了即将成为电力发动机和电力发电机基本原理的电磁感应现象的自然规律。1868 年英国的麦克斯韦尔(Maxwell)在《论调速器》论文中指出,不应单独研究飞球调节器,而必须从整个系统分析控制的不稳定性,同时建立了系统微分方程,分析了微分方程解的稳定性,从而分析了实际系统是否会出现不稳定现象。这样,控制系统稳定性的分析变成了判别微分方程特征根的实部正、负号问题。麦克斯韦尔的这篇著名论文被公认为是自动控制理论的开端。19 世纪 80 年代后期,尼古拉·特斯拉(Nikola Tesla)发明了交流电感应发动机,于是,自动化控制机械系统的基本原理在 19 世纪末期牢固地确立起来了。20 世纪,自动控制的发展速度得到了迅速提升,1948 年诺伯特·维纳(Norbert Wiener)出版《控制论——或关于在动物和机器中控制和通信的科学》,完整的经典控制理论得以形成,标志着控制学科的诞生。"控制论"是关于怎样把机械元件和电气元件组合成稳定的并且具有特定系统性能的科学,和其他自然科学不同,它完全不考虑能量、热量和效率等因素,关注的是系统各部分之间的相互作用性质,以及整个系统的总体运动状态。

1876 年,亚历山大·格雷厄姆·贝尔(Alexander Graham Bell)发明了电话。1890 年,出现了由人工操作进行交换的简单电话网络,这种网络使用的是模拟信号。电话系统和电子反馈放大器的发展激发了美国电报电话公司(AT&T)和贝尔实验室(Bell Labs)的德里克·伯德(Hendrik Bode)、哈利·奈奎斯特(Harry Nyquist)、哈尔德·布莱克(Harold Black)对反馈的利用。1928 年 8 月 2 日哈尔德·布莱克在前往曼哈顿西街的上班途中,在哈德逊河的渡船上灵光一闪,设计了在当今控制理论中占核心地位的负反馈放大器。由于当时手头没有合适的纸张,他将其设计记在了一份纽约时报上,这份报纸已成为一件珍贵的文物,珍藏在美国电报电话公司的档案馆中。当时的布莱克年仅 29 岁,从伍斯特理工学院获得电子工程学士学位刚 6 年,是西方电气公司工程部(这个部在 1925 年 1 月 1 日和美国电报电话公司合并成立了贝尔实验室)的核心工程师,从事电子管放大器的失真和不稳定问题的研究。布莱克首先提出了基于误差补偿的前馈放大器,在此基础上最终提出了负反馈放大器,并对其进行了数学分析。同年布莱克就其发明向专利局提出了长达 52 页 126 项的专利申请。但直到 9 年之后,即布莱克和他在美国电报电话公司的同事们开发出实用的负反馈放大器后才得到这项专利。负反馈放大器的振荡问题在实用化过程中带来了难以克服的麻烦,为此哈利·奈奎斯特和其他一些美国电报电话公司的通信工程师介入了这一工作。

奈奎斯特于 1917 年在耶鲁大学获物理学博士学位,有着极高的理论造诣。1932 年奈奎斯特发表了包含著名的"奈奎斯特判据"(Nyquist criterion)的论文,并在 1934 年加入了贝尔实验室。布莱克关于负反馈放大器的论文发表于 1934 年,其参考了奈奎斯特的论文和他的稳定性判据。这一时期,贝尔实验室的另一位理论专家亨德里克·伯德也和一些数学家开始对负反馈放大器的设计问题进行研究。伯德是一位应用数学家,1926 年在俄亥俄州立大学获硕士学位,1935 年在哥伦比亚大学获物理学博士学位,1940 年伯德引入了半对数坐标系,使频率特性的绘制工作更加适用于工程设计。

反馈放大器的运转属于频率领域,该分析方法现在被普遍归类为"经典控制"。在同一时期,控制理论同样在东欧得以发展。苏联的数学家和应用机械师掌控了控制领域的方法,他们全身心投入系统的时域分析和微分方程模型中。20 世纪 60 年代,时域分析法有了更进一步的发展,并使用了状态变量和状态空间描述,如今被普遍归类为"现代控制"。第二次世界大战助推了自动控制理论和实践的发展,表现在人们设计和建造了飞机自动驾驶仪、射击定位系统、雷达天线控制系统以及其他的军用系统。第二次世界大战以后,随着拉式变换和所谓的 S 域方法,比如用根轨迹设计控制系统的方法使用得越来越多,频域技术在控制领域居于主导地位。

微处理器在 20 世纪 60 年代后期的发展促进了计算机控制在加工和生产制造上的早期应用,比如数控机床和航行器控制系统。然而制造过程在本质上仍然完全机械化,自动控制方法和系统仅作为辅助手段备用,不过苏联人造卫星的发射和太空时代的来临再一次提供了继续发展机械控制系统的动力,导弹和航天探测器的发展继续推动复杂、高精度控制系统的发展。而且,在提供高精度控制的同时,人造卫星体积的最小化需求也促进了最优控制领域的进步。李雅普诺夫(Liapunov)、米诺尔斯基(Minorsky)以及其他人对时域法发展的推动,庞特里亚金(Pontryagin)和贝尔曼(Bellman)对最优控制理论发展的推动,对提高高速计算机和各种程序设计语言在科学领域的实用性有着重要价值。随着 20 世纪 80 年代鲁棒控制理论的出现,经典控制和现代控制之间的分水岭变得不那么明显了,现在普遍认为在分析和设计控制系统时,控制工程应几乎同时考虑时域和频域。同样在 20 世纪 80 年代,将数字计算机作为控制系统的一部分来使用已经很普遍了。数以千计的电脑数字化控制系统安装在世界各地,成了现代机械电子的中心元件。事实上,作为精密调节机械动力以及增强环境适应性的微处理器系统,正是现代机械电子和精密制造的精髓。

1.2.2 电子学技术的历史演变

电子学从电气工程中产生,加速了计算机硬件技术的发展。电子学的历史包括部分电气工程和计算机科学的历史。电气工程的历史可以追溯到 19 世纪初,英国物理学家法拉第发现了电磁感应原理和直流电,发明了世界上第一台发电机——法拉第圆盘发电机,并推导出发电机和变压器原理。法拉第在电磁学和电化学领域所做出的重要贡献,使他成为历史上最具影响力的科学家之一。19 世纪上半叶,英国物理学家威廉·斯特金(William Sturgeon)发明了第一台实用电动马达。1837 年,美国铁匠托马斯·达文波特(Thomas Davenport)获得了电动机专利,该种电动机用来驱动机床和印刷机。在那个时代,电源供应系统还只有直流电(direct current,DC),而且配电是不可用的,由于主电池的高成本,电动机的商业化并未成功。一个偶然的机会,比利时裔法籍发明家齐纳布·格拉姆(Zénobe

Gramme)发现他的电动机是可反转的,由此发明了现代电动机。1873年在奥地利维也纳世博会上,格拉姆送展了环状电枢自激直流发电机。在布展中他偶然接错了线,把别的发电机发的电接在了自己发电机的电流输出端,这时他惊奇地发现,第一台发电机发出的电流进入第二台发电机的电枢线圈里,使得这台发电机迅速转动起来,发电机变成了电动机,在场的工程师、发明家欣喜若狂,发现多年来追寻的廉价电能如此简单又令人难以置信,这意味着人类使用伏打电池的瓶颈终于突破。这一事件直接促使实用电动机(马达)问世,电力工业就建立在格拉姆的发电机上。然而,真正使整个行业发生彻底改变的是,1888年尼古拉·特斯拉(Nicola Tesla)应用法拉第电磁感应原理发明了第一台交流发电机,使输电损失降到最小,特斯拉也因此被称为"交流电之父"。然而交流电的推行并不顺利,原因在于特斯拉的前雇主,大名鼎鼎的托马斯·爱迪生(Thomas Edison)早在1880年就获得了直流电力传送系统的专利。这对电灯的发明起了非常重要的作用。不过由于直流电在长途传输中会不断损失,所以每隔一段距离就要增设发电站,有诸多缺点和限制,而交流电则可以通过变压器升到非常高的电压,用细导线输送,传送效率非常高。交流电这一新技术的西屋电气创始人乔治·威斯汀豪斯(George Westinghouse)于1888年7月投资了特斯拉的多项交流电感应电机和变压器专利,与爱迪生开始了长时间的"电流战争"。最终事实证明,交流电才是适合社会所需的供电系统,现今交流电已经成为工业和社会供电的主流,俨然成了社会生活的必需品。

1883年,爱迪生为寻找电灯泡的最佳灯丝材料,在真空电灯泡内部碳丝附近安装一小截铜丝,希望铜丝能阻止碳丝蒸发,而实验结果非他所想,但他发现没有连接在电路里的铜丝,却因接收到碳丝发射的热电子而产生了微弱的电流,爱迪生并没有重视这个现象,只是把它记录在案,申报了一个未找到任何用途的专利,称为"爱迪生效应"。1885年,30岁的英国电气工程师弗莱明(Fleming)试验发现,如果在真空灯泡里装上碳丝和铜板,分别充当阴极和屏极,则灯泡里的电子就能实现单向流动。1904年,弗莱明研制出一种能够充当交流电整流和无线电检波的特殊灯泡——"热离子阀",从而催生了世界上第一只电子管,也就是人们所说的真空二极管,弗莱明获得了这项发明的专利权,标志着世界从此进入了电子时代。然而,直到真空三极管发明后,电子管才成为实用的器件。真空三极管的发明者是美国发明家德·福雷斯特(De Forest)。1906年,为了提高真空二极管的检波灵敏度,福雷斯特在弗莱明玻璃管内添加了栅栏式的金属网,形成第三个极,这个"栅极"能控制阴极与屏极之间的电子流,只要栅极有微弱电流通过,就可在屏极上产生较大的电流,而且波形与栅极电流完全一致。这是一种能够起放大作用的真空三极管器件,它不仅反应更为灵敏,能够发出音乐或声音,而且集检波、放大和振荡三种功能于一体。因此,人们都将三极管的发明看作电子工业真正的诞生起点。三极管是众所周知的真空管的基础,由于它能在不失真的情况下放大微弱信号,所以使收音机和多种多样的电气设备成为现实。福雷斯特三极管保持了整整一代的发明地位,直到肖克利晶体管的问世才使它相形失色。

1947年约翰·巴丁(John Bardeen)、沃尔特·布拉顿(Walter Brattain)以及威廉·肖克利(William Shockley)发明了晶体管,他们在半导体和晶体管效应方面的成果得到认可,在1956年共同获得诺贝尔物理学奖。1953年肖克利因与同事产生分歧而离开贝尔实验室,离婚之后孤身一人回到他获得科学学士学位的加州理工学院。1956年他又搬到距他母亲很近的加利福尼亚山景城,建立了"肖克利半导体实验室",聘用了很多年轻优秀的人才。

但很快肖克利怪异的管理方法导致内部不合,被肖克利后来称为"八叛逆"的八名主要员工于 1957 年集体跳槽,成立了仙童半导体公司(又名"飞兆半导体")。在杰弗里·达默(Geoffrey Dummer)于 1952 年提出集成电路概念后,1959 年罗伯特·诺伊斯(Robert Noyce)申请的集成电路专利获得成功,比德州仪器的工程师杰克·基尔比(Jack Kilby)略早,后者虽然早在 1958 年就制成了集成电路,但其专利直到 1964 年才获审批。1968 年,宝来(Burroughs)公司用集成电路生产出第一台计算机。1969 年法院判决,诺伊斯和基尔比发明的集成电路不存在侵权问题,两项专利都有效。肖克利实验室在人才流失后每况愈下,两次被转卖后于 1968 年永久关闭。仙童半导体公司在这一领域的技术优势保持了 10 年,也因严重的人才流失而在 20 世纪 60 年代后期失去了技术领先地位。1967 年初,查尔斯·斯波克(Charles Sporck)、皮埃尔·雷蒙德(Pierre Lamond)等人离开仙童半导体公司,自创美国国家半导体公司;1968 年杰里·桑德斯(Jerry Sanders)离开仙童半导体公司,使世界上出现了超微半导体公司;同年 7 月罗伯特·诺伊斯(Robert Noyce)和高登·摩尔(Gordon Moore)离开仙童半导体公司,创办英特尔公司。在之后超过 20 年的时间里,65 家高科技公司云集于被称为圣塔克拉拉谷的小山谷,这些公司所从事的领域都与以"硅"为材料的半导体有关,这个小山谷因此得名"硅谷"。1981 年对仙童半导体公司来说就是噩梦的开始,这一年,设在圣何赛的芯片厂发生有毒溶液泄漏,公司不得不花费 1200 万美元来更换土壤和监测水质,从此公司开始走下坡路,最终销声匿迹,但人们不会忘记它在硅谷历史上所做出的贡献和对于开发单晶硅片的丰功伟绩。1965 年摩尔总结出了集成电路晶体管数量每 18 个月翻一番的规律,也就是人们熟知的"摩尔定律",这一定律虽然只是由 20 世纪 60 年代的数据总结而成的,但是直到 21 世纪依然有效。

众所周知,电子学的发展历程就是电子管、晶体管、集成电路以及半导体的发展历程。从电子管发展到晶体管经历了 44 年,而从晶体管发展到集成电路只用了 10 年。晶体管的发明将电子学推向了一个新的阶段,电子学在之后取得的许多成就,如集成电路、微处理器和微型计算机等,都来自晶体管的发展。集成电路的发明开创了电子器件的新局面,使传统的电子器件概念发生了变化,使电子学进入了微电子学时期,是电子学发展的一次重大飞跃。集成电路问世后,经过 20 多年时间便从小规模集成发展到中、大规模集成,进而发展到超大规模集成,并出现了从单位、4 位一直到 32 位的微处理器。微处理器的出现也是电子学发展历程中的标志性事件,从 19 世纪 70 年代早期开始,许多机械产品开始使用微处理器。1971 年,英特尔生产出第一块商用微处理器 4004,它使用 2300 个晶体管,时钟频率为 108 千赫兹。1980 年,英特尔引入第一个 32 位微处理器。1981 年,IBM 推出了个人电脑行业标准磁盘操作系统(disk operating system,DOS)。随着大规模集成电路技术、半导体技术和微处理器技术的发展,1982 年世界上诞生了首枚数字信号处理(digital signal process,DSP)芯片,这种 DSP 器件采用微米工艺 N 型金属氧化物半导体(N-type metal oxide semiconductor,NMOS)技术制作,虽然功耗和尺寸稍大,但运算速度却比微处理器(microprocessor unit,MPU)高了几十倍,尤其在语音合成和编码解码器中得到了广泛应用。20 世纪 80 年代中后期,随着互补金属氧化物半导体(complementary metal oxide semiconductor,CMOS)技术的进步与发展,基于 CMOS 工艺的 DSP 芯片应运而生,其存储容量和运算速度都得到成倍提高,成为语音处理、图像硬件处理技术的基础,其应用范围逐步扩大到通信、计算机领域。1990 年,万维网(WWW)由蒂姆·伯纳斯-李(Tim Berners-Lee)在瑞士的欧洲量子物理研究所(European Particle Physics Laboratory)成立。1991 年 ARM 公司于英国剑桥成立。ARM 公司专门从事基于精简指令集计算机(reduced instruction set computer, RISC)技术的芯片开发设计。如今,ARM 微处理器已遍及工业控制、消费类电子产品、通信系统、网络系统、无线系统等各类产品市场,ARM 技术正在逐步渗入我们生活的各个方面。1993 年,英特尔推出奔腾处理器;2000 年,英特尔推出奔腾 4 处理器,其大约由 4200 万个晶体管组成,时钟频率为 1.4 吉赫兹;2006 年,英特尔引入酷睿 2 处理器,同年英特尔宣布推出博锐技术;2014 年,英特尔推出处理器 E7v2 系列,采用 15 个处理器核心。电子学用于工业,极大地提高了现代工业的劳动生产率,电子技术与机械相结合产生了各种类型的数控机床、机械手和机器人,出现了由它们组合起来的全自动化的和柔性的生产线。

电子学和电子工业在中国的创建和发展从新中国成立后才开始。1949—1952 年国家成立了电信工业管理局,统一领导全国的电信工业,改造了接管过来的工厂,并很快制造出一批无线电台和军用步话机,在中国历史上第一次实现了成套地生产接收电子管,一批电子科学技术工作者从海外归来参加国家建设。1953—1957 年建设了一批以元件器件、通信和雷达为重点的骨干企业,研制和生产了一批广播设备、通信电台、军用雷达,在十多所高等院校中成立了无线电系科,创建了专业性的研究院和研究所,第一次制订了发展电子科学的十二年规划。1958—1965 年完成了为研制原子弹和导弹以及进行试验所需的电子配套工程,研制并生产了一批军用雷达、电台和其他通信装备,建成了 1000 千瓦中波广播发射台、10 信道电视中心和 10 千瓦黑白电视台,建立了邮电科学研究院、电子工业研究院及其所属研究机构。1966—1976 年第一颗人造地球卫星发射成功,第一台集成电路计算机研制成功,自行设计和制造的地球站建成,25 米天线的巨型跟踪雷达投入使用,第一部巨型相控阵雷达进行试运转。1977 年以来,中国的电子学进入了新的振兴时期,获得了许多重大成就,其中有代表性的成就是:成功地发射了一颗实验定点通信同步卫星;建成了全国卫星测控网;研制成千万次向量计算机和亿次计算机;研制成 16 千位随机存储器和 8 位微处理器;建成了京沪杭 1800 路中同轴电缆通信系统;光纤通信系统相继在上海、天津和武汉并入市话网,进入了实用阶段;初步建成了全国电视网、电视发射台和差转台;在国家科学技术委员会的领导下,制订了发展电子科学技术的十年规划,为日后的跨越式发展奠定了重要基础。

1.3　机械电子工程的产生与演变

"机电一体化"这个术语首次出现在 1969 年,但机电一体化的出现最早可以追溯到 20 世纪 50 年代,当时美国麻省理工学院演示了数控机床——改进的铣床原型。1957 年,第一台计算机数控机床在麻省理工学院诞生。1961 年,为实现数控机床的自动加工,程序设计语言自动汇编工具(automatically programmed tool,APT)发布。数控机床的操作和维护需要工程师精通机械工程、电子技术和编程,因此需要一个新的学科专门培养这样的人才。1971 年和 1978 年,日本通产省通过法案鼓励机械和电子行业的联合研究。截止到 1990 年,机械电子学已经成为工程领域的重要分支。英国的培格曼出版社(Pergamon Press)正式发行《机电一体化》期刊,其涵盖机械电子工程领域的所有技术革新。1996 年,美国电气与电子工程师协会(Institute of Electrical and Electronics Engineers,IEEE)和美国机械工程师学会（American Society and Mechanical Engineering，ASME）联合发行机电一体化期刊 *IEEE/ASME Transactions on Mechatronics*，其包含机械电子工程领域所有实用性的理论和方法，设计和制造工业产品过程中所涉及的机械工程、电子以及智能计算机控制的协同集成。

机械电子技术的发展是多个学科领域共同作用的结果。美国国家工程院院士、加利福尼亚州立大学 Masayoshi Tomizuka 教授在 2002 年发表的"机电一体化：从 20 世纪到 21 世纪"一文中，用一张图描述了机械电子技术从 1970 年到 2000 年的发展路线，很明确地指出，电子技术和控制理论在机械电子发展之初就起了重要作用。21 世纪初期的关键因素是嵌入式系统（embedded systems）、信息技术（information technology，IT）和决策方法（decision making）。在 20 世纪 90 年代，机电一体化获得了教育和研究的正式身份，成了工程领域一支重要的独立学科。这个阶段机电产品的重要特征是，智能化功能增加、小型化，提高了人机交互性，同时在采用虚拟样机技术和计算机模拟技术的前提下，产品开发周期大幅缩短。20 世纪 90 年代，与发展密切相关的主题是：快速成型、人机交互、光电工程、电子制造和封装、微机电系统、聚合物复合结构中的先进制造技术、基于知识的系统（数据系统）、物料搬运技术等。此外，结合了所有可用的最佳混合创新技术、更高质量、更可靠、更紧凑且成本更低的新一代智能组件和系统开始出现，在提高技术能力的同时，更多考虑了人的因素，使产品更简单、更安全。小型化技术的进步催生了微机电技术，如传感器和制动器等的进一步发展，此后便出现了更复杂的传感器和基于本地计算机信号处理及控制的伺服电机内置智能支持系统。微处理器嵌入机械系统使效率和规模大幅度提升，也诞生了防抱死刹车和电子发动机控制系统，嵌入式系统和实时软件工程也以不同的形式嵌入微控制器中，这些都是现代机电一体化系统不可或缺的组成部分。

20 世纪 90 年代，机电一体化与现代通信以及信息技术的创新结合，开启了另一个新的时代。这些技术的发展使得便携式智能产品能够方便地接入互联网，使得远程操作机器人、家用电器、生物医学设备和卫生设施成为可能。此外，小型（mini-）、微型（micro-）和纳米（nanoscale-）电子机械，特别是微机电系统（micro-electro mechanical system，MEMS）和光学微机电系统（micro-opto-electro mechanical system，MOEMS）在基础理论和应用方面均获得很大发展，控制技术、信息科学和电力电子学加速了这一过程，并且扩大了其应用领域。微机电系统，比如触发汽车安全气囊的微型硅加速度计是后来发展中的典型应用实例。20 世纪 90 年代中后期，机电一体化在社会中所扮演的重要角色使其获得了更加广泛的关注和认可。

从 2000 年开始，高速处理器、多核处理器，高端大容量存储器，智能传感器，微型、纳米机电时代预示着嵌入式和智能系统的繁荣，如车载导航系统、基于网络视听的电子消费产品、生物技术、被动和主动安全系统等，特别重要的发展趋势是纳米技术，其将生命或非生命分子移植到产品中，将在提升强度、美观性、耐用性、回收性以及其他功能方面产生更大的价值。2000 年以来，人类适应和友好的机电一体化代表了机电一体化的新时代，它提供了新的方法和工具来建立以人为本、与用户和谐相处的机器和系统。

现代工程包含多样性的跨学科领域，机电一体化工程科学成了重要的设计趋势，将在效益和速度上影响产品开发过程的性质和技术的变化。然而，机电一体化被行业和学术界接受是一个缓慢的过程，下一章将详细追溯其发展历程。但从 2000 年初开始有了变化，这从不断增长的本科及研究生机电一体化学位课程便可以看出来。随着机电一体化不断获得更广泛的国际关注,教学变得越来越重要,但其尚未普遍作为工程科学的基本学科。跨学科的机电一体化工程科学专注于通过基于问题和项目的方法持续改善个人自主学习以及团队学习质量,以适应现代技术的挑战和满足创新的需求,作为学科交叉领域技术演绎的典范,至今仍然在不断进化。

第2章 认识机械电子工程

在过去,机器和产品设计是机械工程师的事,等机械工程师设计完产品以后,软件控制和编程问题便抛给计算机工程师解决,这种串行工程处理方法的结果很不理想,但很难找到最佳解决方案。在很多情况下,公司的机械和电子设计部门甚至不在同一个城市或国家,如果偶然的,它们处在同一个办公楼里,也几乎不会为同一个项目进程作任何沟通。通常的情况是机械工程师设计完一个机器后,"扔"给隔壁部门的电子/电气工程师设计控制系统,之后,又"扔"到隔壁的软件部门写控制程序,这样的结果无疑很难产生最优的产品策略。机电产品设计方法在这样的情况下应运而生,该方法是基于系统工程学和计算机技术,研究机电产品设计规律、各种设计进程、整体实施战略和分阶段实施战术,以及各种设计方法、技术、工具并面向产品领域的设计理论和方法。

2.1 从机电一体化技术说起

一直到 20 世纪 60 年代,还没有人提到过"机电一体化"这个词,更别说"机电一体化设计思想"了。在当时来说,这个说法还太超前,更多的人认为只不过"是给系统工程安了一个有噱头的名字而已"。系统工程在 1957 年前后正式定名,1960 年左右已经形成了体系,是一门具有高度综合性的管理工程技术,涉及应用数学(如最优化方法、概率论、网络理论等)、基础理论(如信息论、控制论、可靠性理论等)、系统技术(如系统模拟、通信系统等)以及经济学、管理学、社会学、心理学等各种学科。系统工程的主要任务是根据总体协调的需要,把自然科学和社会科学中的基础思想、理论、策略和方法等联系起来,应用现代数学和电子计算机等工具,对系统的构成要素、组织结构、信息交换和自动控制等功能进行分析研究,借以达到最优化设计、最优控制和最优管理的目标。

表面上来看,机电一体化涉及技术上的高度协同、多学科技术融合,将其看作系统工程的延伸方向也很合理,但实际上,稍作研究和对比就可以发现,系统工程是综合性的管理工程技术,而机电一体化是高度技术集成的方法。工程产品需要无数移动部件组合,并能精确实现其动作控制,这就涉及众多的支持技术,如无线传感、驱动、软件、通信、光学、电子、结构力学和控制工程等。要实现这样的产品流程必须多学科或跨学科综合作业,而非若干学科交替作业。因此,从这个意义来讲,机电一体化的创新方法挑战了传统工程思维,其创新设计过程中所考虑的功能边界超越了单个传统工程学科涵盖的范畴。所以,当那些反对"机电一体化设计思想"的人提出"是给系统工程安了一个有噱头的名字而已"的说法时,考虑一下用机电整合的方法取代传统的系统论方法所节省的可观成本就可以轻易将其反驳了。

"机电一体化"这一混合词"mechatronics"第一次是由日本西部电机株式会社高级工程

师森哲郎(Tetsuro Mori)在 1969 年的一份提案中提出的,作为代表一种集成机械和电气技术、用来开发新机床的方法,还涉及半导体功率器件和计算机中央处理器(central processing unit,CPU)。1971 年日本安川电气公司获得"mechatronics"这个词的商标权,在 1982 年放弃了该词的商标权。在这个阶段,"mechatronics"这个术语用于反映机械和电子学科的融合,它也被称为电子机械系统(electromechanical systems),逐渐地这个词有了更广泛的含义,现在被广泛用于描述支持改革和创新的一种科学和工程中的哲学。安川电气公司给机电一体化下了这样的定义:"mechatronics"这个词,是由机械(mechanism)中的"mecha"和电子(electronics)中的"tronics"组成的,换句话说,技术发展中的产品将越来越多地将电子集成到机械中,并且无从知道它从哪里开始,将到哪里结束。从字面上看,mechatronics 是机械(mechanism)和电子(electronics)的组合,但不能理解为它的边界仅限于此。事实上机械应该有更广义的范畴,包括光学,而电子也涵盖了包括微电子和信息技术、控制在内的所有领域。现在,机电一体化通常被理解为机械工程、电气工程、电子学、控制工程、系统设计工程和计算机科学工程等多学科协同作用下创建并维护各类产品的代名词。从某种程度上来讲,机电一体化是产生于工程实际的产物,基于开放的信息系统和并行策略,以设计出更好的工程产品。经过多年的发展,机电一体化便以两种截然不同的形式进入学术领域——作为一类课程,同时也作为一个学科,这是后话。

机电一体化的定义在被安川电气公司提出后继续发展。1995 年机电一体化的定义是,在工业产品设计和制造过程中,机械工程结合电子和智能计算机控制的协同集成。同年,另一个定义由大卫·奥斯兰德(David Auslander)和卡尔·肯普夫(Carl Kempf)提出:机电一体化是复杂决策在物理系统操作过程中的应用。而另一个由德夫达斯·谢蒂(Devdas Shetty)和理查特·库尔克(Richard Kolk)作出的定义出现在 1997 年:机电一体化是应用于机电产品优化设计过程中的方法论。2000 年后由博尔顿(Bolton)提出的定义为:机电一体化系统不仅仅是电气和机械系统联姻的结果,更是一个控制系统,完全继承了电气和机械的全部。所有这些关于机电一体化的定义和解释都是正确的,然而没有一个解释能够抓住机械电子的全部意义。在接下来的章节中,我们还会根据各种权威版的定义诠释机电一体化的精髓,并解析其本质。

2.2　机电一体化的定义和范围

在 20 世纪 70 年代早期,机电一体化的应用是很简单的,仅使用伺服技术控制电子-机械产品,如自动门、自动售货机和自动对焦相机等。在这个阶段,机电一体化只是简单集成早期的先进控制方法,而技术开发仍以个人为主,并且是各自独立的。随着更加复杂的科技的发展,技术工艺知识成为一个主要竞争因素,有效的技术管理在快速发展的各个领域显得尤为重要。20 世纪 70 年代中期出现的微处理器使集成有机械、电子、电气和信息技术的产品产生爆炸性的增长,因此,人们更加需要一种新的工程方法解决这个问题。在 20 世纪 60 年代和 70 年代后期,"系统工程"(system engineering)这个词获得了广泛应用,机电一体化的设计方法也得以在系统工程的应用过程中产生。系统工程是第一个用以处理在软件、机械工程和电子交互作用下产生的复杂问题的方法。

在这个阶段,机电一体化反映了人们设计并实现产品高品质和简单、可靠解决方案的工作方式。然而,大多数工程师需要团队以外的人提供解决方案,这需要他们花费大量的时间并利用技巧进行人际沟通,也就是说,运作项目的解决方案而不是直接实现它。机电一体化的设计理念和方法用于优化设计过程,为传统的复杂问题提供简单有效的新型协同解决方案。这种方法是实践、程序和规则的集合,这样的方法是将来机电一体化发展为单独学科分支的必要因素。

"机电一体化"这个名字源于机械和电子产品的结合,是一种相对较新的产品设计和开发方法,应用于机械、电子电气、计算机、工业工程的交叉领域,解决了四个相互关联的学科用于复杂现代设备开发的问题。机电整合系统通常包括传统的机械和电子组件,又称为"智能设备",因为集成了传感器、执行器和计算机控制系统等单元模块。多年以来,"机电一体化"这个词意味着产品设计的集成方法所表现出的快速、精准的性能,演变为工程理论、设计和实践中的一种生活方式,并且几乎渗透到当今社会的各个方面。对新学科的演化,有人认为没有必要给它以太多的定义来界定,认为这样会阻碍它的发展。但梳理定义对于认识机电一体化是有益的。机电一体化的定义从最初产生到后来很多年里,出现了各种各样的版本,这些定义花费了无数机构、专家、学者大量的研究精力。具有代表性的是欧共体(European Economic Community,EEC)和工业研究与发展咨询委员会(Industrial Research and Development Advisory Committee,IRDAC)给出的定义:机电一体化是机械工程、电子控制和系统思想在产品设计过程中精密、协同的共同作用过程。它清楚地表明了机电一体化专注于程序应用和设计。20 世纪 80 年代后期欧盟赞助的工业研究所(European Union-sponsored Industrial Research)和发展咨询委员会(Development Advisory Committee)工作小组共同发布了另外一个定义,即"机电一体化是产品设计过程中将精密工程、电子控制技术及系统思维融为一体的协同集成过程",依然将机电一体化局限在设计阶段,所以,众多学者对这样的定义并不买账。在各种论文、图书、宣传册和行业目录中可以翻到有关机电一体化定义的各种各样的版本,能追踪到原始作者的定义很少。阐述这部分内容的目的是批判性地分析各种定义,以便对机电一体化理解得更清楚一些。

定义一:"机械电子系统是大量物体运动中处理相关电子和信息过程的系统组合。"这个定义太宽泛,一方面它排除了非运动物体,比如电饭锅;另一方面,它没有明确谈到与其他不同学科的集成。

定义二:"机电一体化是将电子和计算机技术集成到广泛的机械产品加工中的过程。"这个定义谈到了不同学科的集成,但它将这种集成限于机械产品的加工过程,按照这样的定义,光盘刻录机便不属于机电产品,虽然它属于计算机硬件产品,并且集成了机械、电气元件和电子技术。

定义三:"机电一体化是机械工程、电子技术和智能计算机控制技术在产品设计过程中的协同集成。"在该定义中,很重要的一个词——协同(synergistic)被提出来,协同作用的一个含义是:两个或以上的物体相互作用,其综合效应大于个体效应之和。因此,该定义体现了机电技术集成的真正价值,然而,它将定义局限在产品设计领域,实际上机电产品在加工和维护过程中也是如此。

定义四:"机电一体化是一个或多个学科的方法和技术在另外一个学科的应用。"这个定义的通用性足以囊括现在和未来的所有产品,当然,生物科技和其他相关领域都有可能集成到机电产品中,然而,这个定义忽略了"协同作用"的重要方面。

定义五:"机电一体化是复杂决策在物理系统操作过程中的应用。"这个定义过于强调决策过程,事实上很多机电产品在多学科集成开发过程中并不需要应用决策能力。

定义六:"机电一体化是物理系统、信息技术和复杂决策在工业产品设计、制造和使用过程中的协同集成。"这个定义将机电工程扩展到设计、加工和使用,同时包含了重要的"协同"这个词,同时强调了信息技术和复杂决策,但是没有提到机械和电子。

综上所述,机电一体化应该被这样定义:机械电子学是机械工程、电气或电子技术,或可能的其他学科,在产品设计、制造、使用和维护过程中的协同集成。不论如何给机电一体化下定义,最终达成的共识是,机械电子学是集成了机械、电子和计算机信息技术用以提高产品、设计过程和系统性能的综合学科,并且这样的集成从产品或系统设计之初就开始了。所以,从这个意义上来讲,机电一体化并不是一个新的工程分支,而是在相互作用的不同的工程分支下,出于一体化、综合性能的设计需要而产生的一个新型设计概念。总之,机电一体化可以看作技术的协同和融合,同时也可以被视为支持新的思维方式和创新的哲学。因此,机电一体化蕴含着一种系统思想,代表着一个现代工程的统一范式。它从设计的概念阶段就专注于实现必要的协同作用,接下来在机电一体化学位课程设计中,关注这一点尤为重要。

2.3 机电一体化产品

机电一体化是产品、流程和系统创新设计过程中的一种思考方式,工程师通过这样的思考整合机械、电子、计算、驱动、传感和控制功能实现协同设计,达到系统质量和性能的最佳效果。机电一体化系统、流程和产品支持实现具有局部控制、诊断和通信功能的可扩展体系结构。考虑到机械设计过程优化、能源回收和成本节约等各种因素,在智能型产品的设计领域,机电一体化技术是至关重要且不可或缺的。需要特别注意的是,机电一体化的概念不仅仅是实现技术集成,它还涉及组织、培训、管理(项目、产品、市场需求和行政机构)、循环利用和可持续发展。因此,在强调整个系统层面的核心技术集成的同时,机电一体化与并行工程的产品开发方法有着很多共同之处。此外,融合互联网和信息网络技术的机电一体化,将摆脱地理的局限,真正具备全球性视野。

最初,机械电子只涉及含有电子元件的机械系统——没有牵扯到计算,比如自动滑门、自动贩卖机,以及车库开门器等。在20世纪70年代后期,日本机械工业振兴协会将机械电子产品归为以下四类。

第一类:以机械成分为主的产品,为提高产品功能结合了电子成分,如数控机床工具和制造器的变速驱动。

第二类:有最新电气内部装置的传统机械系统,外部的用户界面是不变的,如现代缝纫机和自动化制造系统。

第三类:保留了传统机械系统功能,但内部机构由电力代替的系统,如数字式手表。

第四类:机械和电子交互作用下的产品,如影印机、智能洗衣机和干衣机、电饭煲以及自动烤箱。

可以列举的机电产品例子有很多，数控加工中心、机器人、物料搬运系统、柔性制造系统（flexible manufacturing system，FMS）是机电产品制造业的例子；在汽车产业，四轮防抱死机构、电子打火系统、发动机控制系统等都是典型的机电产品；在个人消费品中，相机、洗衣机、面包机和复印机等都是机电产品；在土木工程领域，智能结构也属于机电工程学的范畴。机电产品通常可以分为两类：一类是由电气、电子或计算机技术增强机电产品的功能，但依然保持基本的机械结构的产品，如数控加工中心；另一类产品是电子功能器件完全取代了机械结构，以至于我们都以电子产品来命名，如电子表、笔记本和手机等。

机械电子系统融合了机械、电子、控制等技术的优势，并形成有机整体，能够大大提高产品品质和劳动生产效率，完成以往难以完成的任务，因此在日常生活中得到了大力推广和广泛的应用。如能够更精确地加工更复杂形状的数控加工中心，由电气系统控制的内燃机，集成了电气系统的个人消费产品如洗衣机、电冰箱和空调等，都属于机电产品。有些机电产品被电子产品完全取代，如数字式电子表没有了传统手表的机械部件，消除了皮带、链条和齿轮驱动器的汽车速度控制更加有效，电子凸轮逐渐取代了传统凸轮，其运动只需要滚珠丝杠带动螺栓的上下移动即可，丝杠的转动可以由步进电机来控制。值得一提的是，现代机械产品有完全电子化的趋势，这样的趋势是应该避免的，机电产品的设计应该以在效率最大化基础上降低成本、提高可靠性为目的，系统方案设计应该综合考量。例如，有时候使用机械指示器或仪表比使用电子指示器可靠性要高，并且成本也低得多。

以下将通过对若干机械电子案例的介绍，对机电设备的相关特点进行分析，形成对机械电子工程的初步概念。

2.3.1　汽车

现代机械电子的演变可以汽车为例来说明。20 世纪 60 年代，无线电广播是汽车里唯一重要的电子器件，所有其他的功能器件都完全是机械化的，或独立于机械的电气系统，比如启动电动机和蓄电池充电系统，没有"智能安全系统"，只有增大缓冲器和结构部件来保护座位上的人，以防发生意外。20 世纪 60 年代引入的座椅安全带，针对提高乘客安全性，也是一种完全机械化的装置，所有的发动机系统都由司机和/或其他机械控制。例如，引入传感器和微控制器之前，一个机械分配器用于选择特定的火花塞，好在燃料-空气混合物被压缩时能够点火，点火的时间是一个控制变量，从燃烧效率来说，机械控制的燃烧过程并不是最优的。燃烧过程的建模显示，由于燃料效率的不断增加，存在一个点火的最优时间，时间的选择取决于负荷和速度，以及其他可测量的量。电子点火提前控制系统（electronic spark advance，ESA）是 20 世纪 70 年代后期最早被用到汽车里的机电系统之一，系统由机轴位置检测器、凸轮轴位置检测器、气流率、节流杠位置变化检测器，以及一个特定的决定点燃火花塞时间的微控制器组成。该系统根据各相关传感器信号，判断发动机的运行工况和运行条件，选择最理想的点火提前角点燃混合气，从而改善发动机的燃烧过程，以实现提高发动机动力性、经济性和降低排放污染的目的。电子点火系统与机械式点火系统完全不同，它有一个点火用电子控制装置，内部有发动机在各种工况下所需的点火控制曲线图。通过一系列传感器如发动机转速传感器、进气管真空度传感器、节气门位置传感器、曲轴位置传感器等来判断发动机的工作状态，在点火控制曲线图上找出发动机在此工作状态下所需的点火提前角，按此要求进行点火，然后根据爆震传感器信号对上述点火要求进行修正，使发动机工作在最佳点火时刻。

防抱死制动系统(anti-locked braking system，ABS)也是20世纪70年代后期引入的。ABS可在汽车制动时根据车轮的运动，通过检测任何一个车轮的锁定状态，自动调节车轮的制动压力防止车轮抱死。其实质就是使传统的制动过程变为瞬间的控制过程，其目的是使车轮与地面的摩擦力达到最大，同时又可以避免后轮侧滑和前轮丧失转向能力，以使汽车取得最佳的制动效能。随着ABS与新一代制动系统的结合，如电子液压制动(electronic hydraulic brake，EHB)系统和电子机械制动(electronic mechanical brake，EMB)系统，ABS有了更快的响应速度，更好的控制效果，而且更容易与其他电子系统集成。牵引力控制系统(traction control system，TCS)于20世纪90年代中期被应用到汽车中，TCS的作用是使汽车在各种行驶状况下都能获得最佳的牵引力。TCS的控制装置是一台计算机，利用计算机检测4个车轮的速度和方向盘转向角，当汽车加速时，如果检测到驱动轮和非驱动轮转速差过大，则计算机立即判断驱动力过大，发出指令信号减小发动机的供油量，降低驱动力，从而减小驱动轮的滑转率。计算机通过方向盘转角传感器掌握司机的转向意图，然后利用左右车轮速度传感器检测左右车轮速度差，从而判断汽车转向程度是否符合司机的转向意图。TCS能防止车辆在雪地等湿滑路面上行驶时驱动轮的空转，使车辆能平稳地起步、加速，防止车辆因驱动轮打滑而发生横移或甩尾。汽车动态控制(vehicle dynamics control，VDC)系统在20世纪90年代后期被提出。VDC系统的工作过程同牵引控制系统相似，只是依靠增加的偏航率传感器和测向加速度计来工作，司机的意图体现于主动轮的位置(方向)，然后同实际的运动方向作比较得到一个差值。TCS通过调整动力来控制汽车的速度，从而使这个差值最小，在有些情况下，ABS用来降低车速以达到期望的控制目的。

微电子机械系统(micro-electromechanical system，MEMS)可将机械构件、光学系统、驱动部件、电控系统、数字处理系统集成为一个整体单元，它用微电子技术和微加工技术(包括硅体微加工、硅表面微加工、光刻铸造成型和晶片键合等技术)相结合的制造工艺，制造出各种性能优异、微型化的传感器、执行器、驱动器和微系统，是降低机电产品应用费用的重要技术。一些微机电产品已经应用于汽车，包括气囊展开传感器、激励器与多种压力测试装置的传感器和加速计。一般地，一个微电子机械系统设备包含一块硅芯片上的微电路，一些机械设备像镜像和传感器被植入其中，在同一块硅芯片上整合MEMS装置和CMOS电路是一种改进汽车产品性能的方法。毫米波雷达技术在20世纪90年代也已应用于汽车上。雷达可以探测到路面物体的位置(譬如其他汽车)以及车辆与障碍物的实时距离，这项技术通过联合导航控制系统和ABS，可以控制汽车与其他障碍物或汽车的距离，司机可以设定行车速度和同前方车辆的期望距离。ABS和导航控制系统联合起来安全地达到目的，这让人想起了无人驾驶的全自动汽车，早在20世纪80年代美国就通过磁钉导航完成了很多无人驾驶的实验，40多年后的今天，谷歌、特斯拉等品牌的无人驾驶汽车已经大量涌向市场，全自动汽车在未来20年内将离不开机械电子技术的发展。未来的汽车机电系统将包含基于湿度、温度感应和气候控制的防雾挡风玻璃、自动平行泊车系统、后方停车辅助系统、行驶路线改变辅助系统、电子刹车系统、压力复位系统。随着世界汽车数量的增长，制定严格的尾气排放标准是必然的，机电系统将尽最大的可能迎接这一挑战，减少CO、NO、HC的排放，提高发动机效率。明显地，一辆汽车包含30~60个甚至更多微处理器，100多个电机，大约

200磅(约90.7千克)电线,大量传感器,以及数千行软件代码,它已不能被划分为严格的机械系统,已经变为一个复杂的机械电子系统。

除此之外,为增加认识,以下对日常生活中机电一体化产品(见图2-1)作简单的介绍。

2.3.2 电子皮带秤

电子皮带秤是一种利用重力原理,以连续称量方式确定并累计散状物料质量的连续累计自动衡器,由秤架、皮带、重量感应装置(承载器)、速度传感器以及控制柜等部分组成。皮带输送机在输送物料时,通过重量感应装置采集物料的瞬时重量,同时,安装在输送机上的速度传感器测量出皮带的运行速度,控制柜根据采样的重量和速度信号,计算出通过皮带机上的物料的瞬时流量和累计流量。该装备在机械方面采用带传动,结合电子单元,实现传动过程中同时自动称量的目的。

2.3.3 液压挖掘机

液压挖掘机是最重要的工程机械之一,主要由工作装置、回转装置和行走装置三大部分组成。工作装置是直接完成挖掘任务的装置,它由动臂、斗杆、铲斗等三部分铰接而成,动臂起落、斗杆伸缩和铲斗转动都用往复式双作用液压缸控制;回转装置使工作装置及上部转台向左或向右回转,以便进行挖掘和卸料;行走装置完成整机的行走任务,多采用履带式和轮胎式。目前,机电液一体是液压挖掘机的主要发展方向,其目的是实现液压挖掘机的全自动化,人们对液压挖掘机的研究,逐步向机电液控制系统方向转移,使挖掘机由传统的杠杆操纵逐步发展到液压操纵、气压操纵、电气操纵、液压伺服操纵、无线电操纵、电液比例操纵和计算机直接操纵。所以,对挖掘机的机电液一体化的研究,主要集中在液压挖掘机的控制系统上。液压挖掘机通过柴油机把柴油的化学能转化为机械能,由液压柱塞泵把机械能转换成液压能,通过液压系统把液压能分配到各执行元件(液压油缸、回转马达+减速机、行走马达+减速机),由各执行元件再把液压能转化为机械能,实现工作装置的运动、回转平台的回转运动、整机的行走运动。

2.3.4 柱塞泵

柱塞泵以柱塞的往复运动实现吸油和压油,它可分为径向柱塞泵和轴向柱塞泵两大类。以轴向柱塞泵为例,当电动机带动传动轴旋转时,泵缸与柱塞一同旋转,柱塞头与斜盘保持接触,斜盘与缸体成一角度,斜盘不转。当缸体旋转时,由于斜盘的斜面作用,柱塞会在泵缸中做往复运动。当柱塞转到斜盘低点,柱塞缸容积逐渐增大时,液体经配油盘的吸油口吸入油缸;而当柱塞转到斜盘高点,柱塞缸容积逐渐减小时,油缸内液体经配油盘的出口排出液体。只要传动轴不断旋转,液体就会不断地被吸入和排出。改变斜盘的角度,就可以改变柱塞在泵缸内的行程长度,即可改变泵的流量。倾斜角度固定的称为定量泵,倾斜角度可以改变的便称为变量泵。对于变量泵来说,变量机构用来改变斜盘的倾角,通过调节斜盘的倾角来改变泵的排量,而斜盘倾角的控制则由控制器根据一定的控制原则输出一定的电信号来实现,因此整个柱塞泵也是典型的机、电、液一体化装置。从能量转换的角度来说,柱塞泵就是将原动机的机械能转换为液体压力能的元件。柱塞泵具有额定压力高、结构紧凑、效率高和流量调节方便等优点,被广泛应用于高压、大流量和流量需要调节的场合,诸如液压机、工程机械和船舶等。

图 2-1　机电一体化产品

2.3.5　数控机床

数控机床是数字控制机床的简称,是一种装有程序控制系统的自动化机床。该控制系统能够逻辑处理具有控制编码或其他符号指令规定的程序,并将其译码,用代码化的数字表示,通过信息载体输入数控装置。经运算处理由数控装置发出各种控制信号,控制机床的动作,按图纸要求的形状和尺寸,自动地将零件加工出来。数控机床较好地解决了复杂、精密、小批量、多品种的零件加工问题,是一种柔性的、高效能的自动化机床,代表了现代机床控制技术的发展方向,是一种典型的机电一体化产品。

2.3.6　焊接机器人

高精度中空臂弧焊机器人(集成配套型),是可以自动弧焊的工业机器人。一般的弧焊机器人由控制盘、机器人本体及自动送丝装置、焊接电源等部分组成,可以在计算机的控制下实现连续轨迹控制和点位控制,还可以利用直线插补和圆弧插补功能焊接由直线及圆弧所组成的空间焊缝。从机械原理上来说是连杆机构的实际应用,通过几个杆的协同配合,能够完成既定的工作任务,实现连续不间断地生产。

2.3.7 船舶舵机系统

船舶的舵机系统对于控制船舶运行、保持航向起着重要的作用。一般的舵机系统主要由舵机、转舵机构、舵以及操舵控制系统组成。舵机是操舵的动力系统,根据操舵能源的不同,舵机可分为人力、汽动、气动、电动和电液等类型,液压舵机以其控制精度高、响应速度快、信号处理灵活、输出功率大等优点,在船舶舵机系统中得到广泛的应用。转舵机构是一套用来将舵机所发出的功率传递给舵柱的设备,通常转舵机构也包括在舵机之中,常见的转舵机构有拨叉式、摆缸式、转叶式和十字头式等。船舶舵机系统具有自动控制和手动控制两种工作模式,两种工作模式均可提高系统的可靠性。泵控式液压舵机通过控制变量泵的斜盘倾角来控制变量泵的输出流量,从而控制活塞的运动。活塞的直线运动通过齿轮齿条机构转换成舵角信号,通过角度传感器传输给控制器,通过与给定舵角比较,控制器会输出一个调整信号给变量泵的变量机构,最终反馈给控制舵机达到所需要的舵角。达到指定舵角后由液压锁保持舵角处于指定位置不变,船舶的舵机系统就是一个机、电、液相结合的庞大系统。

第3章　机械电子工程专业与课程发展

在 20 世纪 80 年代,"机电一体化"逐渐演变为工程和技术的代名词,数字电子技术的进步使机械产品能够发挥更多功能。不同学科的协同集成开始出现,最典型的例子是光电子学(optoelectronics)的诞生。在这个阶段,计算机软/硬件编码开始应用,汽车产业内部自动化程度的大幅提升与软件技术在汽车电子系统内的广泛应用,都是驱动机电一体化技术发展的根本原因,其他原因还包括工业机械和数字化控制系统、家用电子产品和半导体行业的发展等。1980—1990 年,由于新技术的出现,机电产品在质量提高、成本降低的同时,开发周期大幅度缩短,因此在市场竞争中处于明显的优势地位。然而,产品设计过程的多样性和复杂性使某些领域的工作远非当时传统专业的毕业生能够胜任,那些具备了机电一体化领域知识和技术,能够根据给定的设计条件轻松作出方案的工程师受到追捧。于是,创办一个新型专业来培养紧缺人才,就成为教育和培训部门的当务之急,同时也是一个极具前景的发展方向。这类专业培养的理想人才应精通系统设计,能够综合运用机械、电气和计算机知识管理复杂的制造工艺并开展技术密集型业务,有能力开发高附加值的机电一体化产品,并在跨学科工程领域提供优质服务。

3.1　跨学科专业的产生

在时代背景和市场需求的驱动下,机电一体化专业渐渐形成并日趋完善,吸引了大批学生加入新时代工业化进程中;同时,毕业生驾轻就熟地完成学科交叉领域的科技任务使他们获得良好的口碑与雇主满意度,反过来又促使该专业学生拥有更好的就业前景,推动机电一体化专业走上良性发展轨道。人们对机电一体化的关注证明了在多学科交叉领域提供这样的工程类教育和培训体系是正确的,这个专业采用新的机电产品设计方法,需要工程师具备新的技能和更宽广的眼界、强大的科学背景以及实践技术经验,同时具备广泛的工程领域基础知识,其目的是培养能够运用综合技能,多渠道、多角度处理信息并将其转化为有效产品,面临挑战能够正确评估自己并达到理想的结果,合理利用团队力量有效弥补自己在知识和技能上的缺陷,利用计算机获取信息并进行有效沟通交流的人。

由于学科壁垒的存在及缓慢的发展进程,大学教育往往滞后于社会发展,所以,机械电子工程专业体系的建构很大程度上基于产品供应商的行业培训而非学校教育。机电工程教育体系源于日本,日本的大学教育倾向于在交叉学科培养该类工程师,随后衍生出研究生和职业教育的课程体系,并开始在欧洲和英国普及,直到 20 世纪 90 年代初,美国才开始尝试接纳机电工程教育思想,也就是说,机械电子工程专业体系在日本和欧洲流行多年后,才在英国和美国得到工业界和学术界的认可,可见经历了一个多么艰难而缓慢的过程。到了 20

世纪 90 年代,机电一体化终于获得了教育和研究的正式身份,成了工程领域一门重要的独立专业。

　　纵观上述发展历程,机械电子工程出现伊始便并非一个纯粹的工程类专业,而是一种融合机械、电子和计算机技术,面向问题解决的开放性模式。随着机电产品系统和设备数量的大幅增长,机械电子工程教育的需求也日益增加。机械电子工程教育方案是理论和实践融合的产物,工程实践训练项目需要在深入了解工程产品基础理论的前提下进行设计和分析,涉及工程实际中对机电系统、流程和产品的使用、操作、维护和管理等方面。机械电子工程专业的诞生提供了一个跨学科和智能工程科学一体化的范例,它描述了一种科学和技术、知识和学习、思考方式和工作方式、实践技能和专业技能的协同教育。跨学科的机械电子工程同时也被认为是一种哲学思想或经营理念,它支持新的思考方式、设计方法及其他任何可能的创新,旨在实现协同作用下的最佳功能;它提供的是在强大的工程科学基础上,通过终身学习过程,融合传统学科边界之外的新知识和经验的能力;它是在掌握了众多学科、技术以及它们之间相关作用的情况下,在理论、模型、概念和工具方面的创新和进展。这些理念使得机械电子工程的新产品、进程和系统得以快速发展,并展现出很高的质量性能,如可靠性、精确性、智能性、灵活性、适应性、鲁棒性和经济性等。

　　人类适应和友好的机电一体化(human adaptive and friendly mechatronics,HAFM)是机械电子工程未来的发展方向。机械电子工程的发展和人们对该领域兴趣的日益增长,引发了人们对高质量的工程师及其背后相关教育和培训体系的巨大需求,促使人们进一步开发能够培养机电一体化工程师的高效课程体系和学位课程,并通过基于问题或项目的教学法,聚焦于个人和团队学习,以便应对现代技术和创新的挑战。

3.2　专业课程体系的发展和演变

3.2.1　早期的课程体系

　　20 世纪 80 年代,随着机电技术及产品的不断升级,社会对于饱含热情迎接挑战性问题和复杂任务的工程师、合理质疑并能准确灵活运用知识创造性地提供解决方案的工程师、从系统角度自由探索并能解决复杂和大规模工程问题的工程师有着巨大的需求,这样的需求引发了大学思考如何建立机械电子工程学位课程,在传统学科没有任何偏见的情况下,如何找到一条通过跨学科的思维方式高效解决工程问题的途径。接下来的问题就转换为如何在传统工程学科领域开设这样的课程。早期机械电子工程课程框架形成的基础都来自传统的机械工程领域,比如,瑞士皇家理工学院的机电一体化课程体系起源于 1981 年美国斯坦福大学赖瑞·莱弗(Larry Leifer)教授的一门课,叫做"智能产品设计"(Smart Product Design),从 1977 到 1981 年,瑞士皇家理工学院为机械工程专业的学生提供微型计算机架构和汇编语言课程,从此以后机电一体化课程发生了巨大变化。在 20 世纪 80 年代,这样的情况也发生在很多其他大学,像比利时鲁汶大学、德国达姆施塔特工业大学、瑞士苏黎世联邦理工学院、德国亚琛工业大学、澳大利亚悉尼大学和美国麻省理工学院等。另外一种比较普遍的做法是在传统机械工程课程体系的基础上增删课程,将其改造为机械电子工程课程体系。例如,1980—1990 年,位于印度古瓦哈提的印度理工学院曾对建立初期的机械电子工程专业本科课程体系进行改造,被视为具有广泛代表性的典型案例。表 3-1 呈现的是其早期的机械工程专业本科课程体系,如何在该课程体系的基础上嵌入机电工程学位课程呢?以下对此过程进行了详细描述。

表 3-1　印度理工学院早期机械工程专业本科课程体系

第一学年课程结构框架		第二学年课程结构框架	
第一学期	第二学期	第三学期	第四学期
数学-Ⅰ	数学-Ⅱ	人文选修课	科学选修课
化学	工程力学	数学-Ⅲ	人文选修课
化学实验	计算机导论	面向对象的程序设计和数据结构	工程材料
物理-1	物理-Ⅱ	固体力学	高等固体力学
工程制图	现代生物学	流体力学-Ⅰ	热力学
工厂实习	基础电子实验	电气工程概论	流体力学-Ⅱ
电子科学	计算机实验	机械制图	工厂实习
英语/人文选修课	物理实验		机械工程实验-Ⅰ
第三学年课程结构框架		第四学年课程结构框架	
第五学期	第六学期	第七学期	第八学期
制造技术(工艺)-Ⅰ	人文选修课	暑期训练	人文选修课
机械测量	制造技术(工艺)-Ⅱ	公共选修课-Ⅰ	公共选修课-Ⅱ
机械零件设计	机械设计	工业工程运筹学	部门选修课-Ⅲ
机械运动学	机械动力学	部门选修课-Ⅰ	部门选修课-Ⅳ
传热与传质	控制系统	部门选修课-Ⅱ	机械项目设计-Ⅱ
机械工程实验-Ⅱ	机械工程实验-Ⅲ	机械工程实验-Ⅳ	
应用热力学-Ⅰ	应用热力学-Ⅱ	项目设计-Ⅰ	

在不增加学生太多负担的情况下,课程的改造从第一年就开始了。

第一学年的课程可以作为所有相关学科的通用课程,唯有工程力学这门课可以被机电一体化入门课程代替。原因如下:①学生在工程领域的许多入门考试都涉及力学,考试前在力学领域都做了充足的复习准备,一旦将来选择了工程专业,他们在这方面的基础都非常好;②第一年的课程为通识课程,由于工程力学超越了生物技术和化学专业学生的知识范畴,他们可能对工程力学不感兴趣;③像其他课程一样,工程力学遵循自下而上的设计方法,学生不会有太大的学习兴趣,如果换作机电一体化入门课程,也许能在激发学生兴趣方面有所补救。因此,机电一体化入门课程的设计涵盖了以下主题:①机电一体化的定义和范围,以汽车、飞机、数控机床、加工工业、实验室仪器等产品为例作简要介绍;②机电一体化的基本工作原理;③对比分析各种电动马达、液压和气动系统;④介绍可编程控制器(programmable logic controller,PLC)、微处理器、微控制器和计算机控制系统。在课堂讲授过程中遵循自上而下的方式,每个主题安排 10 堂课左右;个人辅导时间向学生小组介绍各种玩具和模型,这样可以激发学生对该专业的兴趣。

第二学年的课程结构中,在第三学期,机械工程的学生必须学习相关的电气工程课程。电气工程概论这门课可以被机电一体化中级水平的课程取代。至于是修订这门课还是完全取代它,取决于教育机构的基础设施、教师的技术领域和专长等因素。其他课程都不太可能变动。但是,如果在第一学年的前两个学期已经设置了机电一体化的入门课程,在第三学期的部分课程中可以嵌入一些机电一体化的知识,比如力学课中可以融入应力分析和电子器件。在第四学期,机械工程实验课程可以包含一些机电一体化实验,比如可以在液压和气动控制系统中选择,工厂实习课程中也可以加入与机电一体化相关的内容。

第三学年的课程结构中,每门课程都可以在一定范围内嵌入机电一体化内容。例如,制造技术(工艺)-Ⅰ可以包含芯片和显微结构的制造,机械测量课程应该包括一些电子产品的项目和信号处理的内容;机械零件设计可以更改为汽车发动机或其他组件,机械动力学、传热与传质课程中应该加入一些跨学科的例子,两个学期的实验室课程都可以加入大量的机电一体化实例。由于已经有了一门控制系统的课程,可以将机械动力学课程转换为机电系统控制课程,机械设计也可以包含机电一体化系统设计。

最后一年的课程结构中,第七学期的一门选修课可以替换为机电一体化必修课,每周讲课和实践各两小时,基本机电一体化实验要涵盖整个实验室课程,机电一体化课程在实验室都要以小项目形式为主开展。通过这样的方式,就能将机械电子工程整合到原有的机械工程课程体系中,难点在于如何激励教师适应新挑战并引进新教材和相关实验室设施。

这样的改造在当时并不鲜见,瑞士皇家理工学院在 20 世纪 70 年代中期将数字电子技术、微型计算机架构、汇编语言和输入/输出接口技术也引入机械工程课程体系中,当时对这些课的组合称为"机械系统中的微型计算机",并且将微型处理器同齿轮、轴承等一样看作机械系统中的重要构件。同一时期,日本使用了"微电子技术在机械工程中的应用"这个说法。20 世纪 90 年代英国邓迪大学也在传统本科机械课程的基础上添加了以下主题来增加机电工程内容:①系统设计;②微处理器;③数字电路;④模拟和数字接口技术;⑤数字通信;⑥软件开发;⑦电气顺序控制;⑧气动、液压系统;⑨控制原理等。

早期的机械电子工程本科培养模式很多是在学生上大学前三年修完机械工程或电子工程专业课程后,第四学年选修特别设置的机电工程模块课程,并辅之相关的工业项目设计,这样的教学模式很难达到机电工程的教育要求,并难以与其他学科教育区分。意味着学生可以在修完四年的本科课程后进入两年的研究生阶段继续进修硕士学位。研究生阶段和本科生阶段不同。研究生一般有不同的教育背景,因此,课程应该更加深入并注重系统性,从基础水平到中等水平,再向高级水平递进,那么上述的课程改造模式就显得不合适了。这个阶段,机械电子工程课程体系发展较为成熟的是印度理工学院。对它的课程结构研究发现,研究生课程体系的设置强调理论和实践结合,每周有 3 课时的理论授课,配合 6 学时的实验室实践课程(测量切削力、表面粗糙度、刀具磨损、加工尺寸偏差和振动),课程包括:芯片厚度比测量和高温加工;实验室辊轧机弹性模量测定;微观硬度测量;金属成形摩擦过程中环压缩试验;开式锻造(观察膨胀和锻造载荷);液压和气动系统;传感器和变频器;比例-积分-微分控制器(proportion-integration-differentiation controller,PID 控制器);机器人研究;数控编程;简单电子电路设计;生产制造过程中的微处理器和可编程控制器;电解加工、激光和等离子切割;真空镀膜。与机电一体化技术直接相关的课程对于机电技术的系统性和相关性要求很高,以"机电一体化与制造自动化"课程为例,其课程大纲内容包括:机电一体化的定义；机电一体化制造、产品和设计；电子技术基础；数据转换设备、传感器、微传感器、变频器、信号处理设备、继电器、接触器和计时器；微处理器、可编程控制器、驱动器（步进电机驱动、伺服驱动）；滚珠丝杠、直线运动轴承、凸轮、凸轮轴控制系统、电子凸轮、分度机构、刀库和传输系统；液压系统（流量、压力和方向控制阀、执行机构和支持元件、液压动力装置和泵）；液压回路设计；气动（压缩空气的产生、分配和调节、系统组件和图示法、系统设计）；PID控制器的描述；数控加工中心和零件编程；工业机器人。

3.2.2 课程体系的发展过渡阶段

20世纪90年代初期，世界上很多国家的机械电子工程专业都有了自己独立的课程体系，更加注重产品设计的全过程以及商业要素的体现，特别是将产品项目的设计过程融入课程体系中。英国赫尔大学可以作为这个阶段课程体系改革与探索的典型代表。1992年10月，赫尔大学和几家顶尖企业合作，在工程与计算机学院试点本科生机电专业的课程改革中，以项目教学法为基础，结合主题讲座和专题报告建构了新的课程体系框架，课程的理念也同时得到更新，在传授机电产品开发原理的同时，强调从设计到产品上市整个过程所需要的人际沟通和商业技巧。课程体系的整体框架如表3-2所示。

表3-2　赫尔大学早期机械电子工程学位课程体系

第一年	第二年	第三年	第四年
工程项目（50%） 课程和专题（50%）	工程项目（50%） 课程和专题（50%）	工程项目（50%） 课程和专题（50%）	个人实习项目
设计原理 计算机系统原理与编程 材料 机械系统 项目规划与管理 电子设计与控制 驱动器和传感器 撰写报告	企业财务 传感器技术 微处理器系统 项目管理与控制 加工制造与设计原理 信息系统	软件工程 制造系统 计算机辅助工程 工业和生产管理 自动控制 数字化系统 逻辑程序设计 加工和制造技术	六选一： 自动化装配 设计分析 柔性制造系统 工业控制系统 工业机器人 计算机辅助工程 先进控制技术

在新的机械电子工程课程体系架构下，第一年教授本科生机械电子基础理论的同时，通常会通过为期10～15周个人或团体工程项目的形式来帮助学生掌握机电产品设计的基本原理，并根据理论学习的进程在不同阶段嵌入相应的认知模块，以便于将理论应用到项目实践中。定期的小组讨论、进展报告和个人陈述穿插其中，这类过程性评价占年末考核总成绩的50%。第二年的工程项目设计课程的思想全部来源于企业，不仅要求学生设计和制造产品达到企业的特别需求，还要考虑批量生产所需要的加工过程和工艺，这样的工程项目设计同样占年终考核成绩的50%。第三年旨在加强和提升学生的学术基础，因此安排了密集的讲座和报告。对于学生而言，这些都是扩展知识面、强化机电一体化设计理念和巩固理论基础的关键。最后一年的课程主要强调系统设计，更集中于机电工程主题的专门领域，以满足现代工程设计方法的需要。学生可以从计算机科学、工程设计与制造和电子工程等领域选择课程和讲座，同时还要选择一个毕业实习项目，解决机电产品设计和制造过程中的某些问题。

与项目相结合的教学有以下好处:①解决在课堂环境中几乎不可能解决的问题,比如体验团队合作的重要性,应用全质量管理方法,提升工程中处理各方争端的能力、项目规划和沟通技巧等。②帮助学生将理论真正应用到工程项目实践中,通过解决问题更好地理解课程讲座和工程实际的相关性。③帮助学生学习如何用特定的方法或技术集成应用并完成机电产品或系统的设计。④激发学生的学习动机。如果项目选择恰当,有符合培养目标的精心设计以及定期评估,便能形成体系完善且独特的教学方案。这样的教学模式贯穿大学四年,学生将在产品设计、项目规划和管理以及人际沟通等各方面获得巨大进步。通过这样的课程体系,学生能够在同步完成理论和实践学习的过程中理解机械电子工程的基础理论和内涵;在多学科交叉领域工作过程中发展人际关系和沟通技巧,培养基本的商业意识;理解并掌握以产品开发为导向的"工程设计过程"。

3.2.3　机械电子工程课程体系的成熟

21 世纪,机械电子工程学位的课程标准逐步建立,并且在世界教育领域范围内获得了认同。专家认为,机械电子工程学位课程应该涵盖基础学科,如物理、数学和数据统计、计算机、IT 技术、静力学和动力学、流体动力、电子和电气技术、测量技术和材料等;核心课程可以包括建模和仿真、控制系统与分析、嵌入式系统和微控制器、传感与感知、实时和智能系统、工程设计和智能产品、机器人技术和计算机智能等;此外,还应该包括支持性科目,旨在为毕业生提供解决问题所需的独特技能,涵盖管理学、机电、光学、信息和通信技术领域,如产品开发和市场营销、工程实践等。

根据课程标准的要求,机电工程的专业课程应强调工程实践和项目作业,使学生巩固所学并发展其计划和沟通能力,这是工程行业中不可或缺的素质。通过这样的训练,最大限度地提升他们的知识和学习技巧,为将来从事相关职业打下坚实的基础。同时,实现上述目标还必须通过以下具体途径。

(1)让学生理解机电一体化从设计到开发不同阶段的基本概念,包括问题界定和工作方式的确定、问题处理和构思能力、分析能力、人类工程学与经济要素、成本和收益评估、不确定性与风险评估、决策与沟通等,通过平衡各种因素发展一种机电工程设计的整合意识。

(2)让学生通过正确的学习方法整合理论和实践,熟悉设计管理流程,特别是产品的质量、可靠性和经济要素,了解制造技术和工艺及其对产品设计的影响,发展设计和制造现代机械电子产品所必需的个人技能。

(3)协调跨学科项目,权衡现有方案的可靠性、绩效、成本、进度以及风险,确保学生能够同时开展专门领域和跨学科领域的工程项目。

(4)在构思新方案和产品开发的实际过程中,支持并促进学生在团队和个体活动中发展创新创意设计能力。引导学生在新想法的构思过程中发挥主导作用,教会他们采用综合策略解决问题并制定决策。

(5)通过实例使学生明白展示团队合作通常能够发挥协同作用并提升群体绩效,支持和激励学生发展团队合作能力,掌握设计、沟通、管理时间和成本的技巧,形成有条不紊的工作和思考方式,以务实的态度面向目标,最终获得专业能力和领导力。

(6)强调真实世界的经验,让学生在开放式问题解决的过程中,通过参与决策制定承担责任,以增强其自信心,使用一些行业领域广泛使用的软、硬件,为学生将来在高科技环境下工作做好准备,促使其在就业早期阶段受到雇主重视。

(7)通过与技术专家和非专业人士交流技术成果来锻炼令人信服的沟通能力,在谈判和演讲中训练跨文化沟通技巧并建立自信心。

(8)通过合理安排选修科目深入理解产品设计或使用习惯,以及制造业中现代工程设备的操作和维护,为学生提供各种动态的机电一体化工程经验,鼓励学生深入了解工程流程,同时培养学生自主学习的态度和习惯。

(9)创建并运用学生评估和项目评估方法,以一定的组织形式支持活动的开展。与工业界和公共机构保持密切联系,以确保机械电子工程的学位课程或成人教育课程及时更新并始终面向未来。

(10)充分认识到经济、社会和环境对工程工作的影响,并理解经济、社会和环境能够获得长期平衡的可持续发展框架,能够领导工程师组建和管理一个跨学科团队,进行常规性的项目规划和实施活动。

3.3 世界范围机械电子工程的发展

3.3.1 亚洲国家

1. 中国

由于机电一体化技术的成功应用给日本产业和社会生活带来了巨大变化,使日本从20世纪60年代末开始在区域经济中保持了30年的高速增长,这种显著的应用价值给了中国很大启发。中国开始意识到机电一体化技术对经济的催化作用,并于1987年由政府主导开始加速发展。由此,教育系统开始对这个领域逐渐重视起来。多数情况下,教育机构培养的重点是能够快速适应工业变化趋势并能迅速响应市场需求的机电一体化工程师,这些工程师也要能够在产品生产和加工过程中运用综合策略,有效地将知识和经验融合到多学科交叉的技能领域,成为一个称职的团队领导者。要在短时间内解决人力资源紧缺的问题,就需要通过正规的教育和科研计划,或通过教育与工程训练相结合的方式来实现。

为了应对机电一体化技术的高速发展和巨大的人才需求,早在1977年,天津大学便已经建立了机电一体化课程。到1998年,很多大学都建立了类似的课程,且几乎所有大学都是在传统机械工程课程体系的基础上加入电气和计算机课程,或在电气工程课程的基础上增加一些机械基础知识。这种方法在一定程度上解决了当时机电一体化领域课程训练紧缺的问题。1992年9月9日,国家教育委员会高等教育自学考试办公室受机械电子工业部教育司的委托,在高等教育自学考试中开设了机电一体化工程专科。此外,这个时期,台湾地区大约有6所大学提供机电一体化课程,课程的开发和监督由台湾教育事务主管部门下属的科学技术咨询委员会承担。课程开发主要考虑当地工业和经济发展的需求,机电一体化的主要项目和设备建立在台湾交通大学和台湾大学,台湾交通大学的课程涵盖机电设备、微处理器接口、PLC、传感器、制动器、CAD/CAM、精密制造和加工等,有一个专门从事智能机器人、智能机电一体化系统、生物传感器及其应用的研究工作的机器人实验室建于机械工程学院。香港地区由于工业发展的需求,经过与工业界讨论后,首个机电一体化教育项目于1992 年在香港城市大学建立,授予学士学位,招收全日制和非全日制两种类型的学生。香港城市大学这个时期的机电一体化课程包括嵌入式微处理器原理及应用、电子技术、信号信息处理、传感器及集成等。除了香港城市大学,香港理工大学同样在 20 世纪 90 年代初开始设置本科阶段的机电工程学位课程,其更强调机电一体化产品和工艺设计,课程理念由被动学习向"做中学"模式转变,这在工程教育领域是一个很大的突破。

2. 日本

20 世纪 60 年代机电一体化(mechatronics)的概念在日本产生后,日本的机电产品或系统在设计、生产和营销方面都获得了巨大成功,主要得益于其完善的产品开发策略、工程教育以及培训系统。由于机电一体化产品在技术特征上和传统的机械、电子产品有很大不同,因此需要特别的发展方法或战略,在这一点上,特别是在产品发展初期,日本比欧洲和美国的竞争者们掌握得好。日本成功企业的产品开发模式有四个显著的特点:在竞争中反应快速、产品开发周期短、强调产品竞争力属性、小心翼翼开发新市场。

传统的顺序开发方案,是把一个产品按照特定的功能区分,由数个不同的部门轮流开发,要缩短产品的开发周期是非常困难的。原因在于由一个部门向其他部门传递的过程中,很多的关键信息丢失了,当然丢失的还有更宝贵的时间。在国际市场上,机电一体化产品的设计活动需要来自多个学科工程师的同步操作,产品设计和开发必须同步进行,同时还要考虑产品从设计到技术加工甚至到市场营销策略等各个环节的因素。

日本的机械类公司迅速向机电一体化甚至信息化产业迈进,使得高等院校面临提供该行业所需毕业生的压力,很多大学的工程院系将机电类课程模块嵌入原有课程体系之中,同时迅速开展这个领域的研究。从 1983 年丰桥技术科学大学开设第一门机械电子工程常规课程,以及东北大学将精密工程部更名为"机械电子及精密工程部"以后,机械电子工程研究生教育也被认为是极有前途的。日本的教育家认为机电工程师在机械工程师的基础上,更广泛地掌握了微处理器硬件和软件、电子、执行机构和控制等知识,并获得了能力。日本的国立大学系统迅速达成共识,支持并培养了大批具有优秀研发能力的机电工程师,从而大大促进了行业的发展。四年制本科教育和两年制研究生教育的最后一年时间都要花在以实验室为基础的研究项目上。一个实验室的典型人员构成通常是:以教授为核心,1 个副教授,也许有 2 个助教,2~3 个博士研究生,4~5 个硕士生,6~7 个本科生。学生通过观察和实践从其他"师傅"那里直接获取技能,这和学徒制几乎没什么两样。多人团队的共同作业极大程度上培养了学生的团队合作能力,这样的模式在名古屋大学、东京大学生产技术研究所、东北大学等知名院校和机构中并不鲜见。

日本的机械电子工程学科被认为是微处理器硬件和软件、电子技术、制动器和控制器等知识与能力的集成。该学科在日本真正成熟的标志是研究机构中陆续出现了专门化的相关学科领域,比如岐阜大学的压电-机电技术,名古屋大学的医用机电及微机电技术,茨城大学的生物机电技术等。日本的企业和行业对机电集成技术的发展同样做出了很大贡献,大部分企业认为,学生的设计能力要从实际工作中习得,仅仅依靠学校教育远远不够,因此企业纷纷举办内部培训,培训形式及内容根据每家公司对不同技术的重视程度有所区别,大致包括通用技能培训和专门技能培训。

截至 1998 年,有 10 所大学提供机电一体化课程,比较知名的包括中央大学、神户大学、东京都立大学、东京大学、丰桥技术科学大学、岐阜大学和名古屋大学等。机电一体化项目由日本科学委员会(成立于 1949 年 1 月)、通产省以及众多企业资助。这些日本大学的共同特征是,都积极从事机电一体化的研究和开发活动,基本设有专门的实验室或研究所,同时又有力量强大的计算机中心的支持。以东北大学机电一体化设计实验室为例,该实验室早期便开始从事生产型磨齿机、自主研发的地面车辆、引导车辆、双足机器人、四足机器人、汽车电子产品和曳引系统、数控机床、伺服机构、传感器、机械视觉、集成电路和光学器件等方面的研究。

3. 韩国

在韩国,首尔国立大学、延世大学、韩国科学技术院、国立江原大学和浦项科技大学早期都在国家支持下开展教学科研,采用一种"美国-德国模式",即美国式的教育系统加上德国式的科研中心,重点放在实际应用领域。以首尔大学机械工程学院的机电一体化实验室为例,他们的研究主题包括传感器、测量系统、发动机控制、系统建模和热传导分析,且主要集中于电气控制技术在机械系统中的应用。

4. 新加坡

在新加坡,机电一体化研究生学位课程于 1996 年在新加坡大学工学院建立。课程主要面向工业技术需求,目的是提供机电一体化系统原理、设计、分析和操作方面的知识。要获得机电一体化理学硕士学位(全日制或非全日制),学生必须修完全部的规定课程。学校面临的最大挑战是,如何让不同学科背景的学生都能完成? 高校为此设计了包括基础模块、核心模块和专门模块的学位课程体系。为了普及机电一体化的基础知识,基础模块是所有学生的必修课,它是学生获得更高级知识和更专业技术的基础。所有模块的课程都要求学生在学习过程中发挥创造力并提出新方法。课程结束以后,学生会在最后一年到企业完成一个特别的、强制性的机电一体化设计项目。在新加坡,机电一体化相关研究也被列为更高的优先级,很多项目在研究智能运动控制和机器人,将高级传感器和仪表应用于视觉系统等。21 世纪初期,新加坡国内的主要高校(新加坡国立大学、南洋理工大学、义安理工学院、新加坡理工学院、南洋理工学院和淡马锡理工学院)已全部提供各种与机电一体化相关的学位课程和研究。

5. 泰国

在泰国,机电一体化教育的主要目的是培养面向产品的机电工程师,他们能提供最先进的制造技术来满足地方工业的强烈需求。巴吞弯理工学院和朱拉隆功大学提供面向资深工程师和技工的机电一体化和先进制造技术短期课程,特别是巴吞弯理工学院专门设置了机电一体化工程部来推进泰国本科生学位课程建设。先皇技术学院在机械、电子和计算机等各院系的协作下也提供非官方的机电一体化课程。

6. 印度尼西亚

在印度尼西亚,机电一体化被认为是一个新型的工程领域。截至 1998 年,只有万隆理工学院提供一门机电一体化课程并拥有一个相关实验室。

3.3.2 欧美国家

20 世纪 80 年代初建立的丹麦机械电子协会为机电技术的传播提供了良好平台,丹麦的很多机械电子研究集中在丹麦技术大学的工程设计研究所和产品开发研究所。1985 年,机电一体化集团在芬兰成立,目的是提高该行业在不同领域的生产力。同时,"机电一体化"术语开始在欧盟的研究项目以及学术期刊上出现并广泛传播。还涌现了一批著名的高等教育机构参与机电技术研究及重大活动的推进,如荷兰的特温特大学、德国的亚琛工业大学、葡萄牙的科英布拉大学、瑞典的哈尔姆斯塔德大学和查尔姆斯理工大学以及土耳其的中东技术大学等。在本科和研究生培养阶段均提供课程教学并开展相关研究的机构还包括奥地利的林茨约翰·开普勒大学、比利时的鲁汶大学、丹麦技术大学、芬兰的坦佩雷大学和奥卢大学、瑞典皇家理工学院等。随着自由市场经济的逐步确立,在技术交叉领域有着灵活应变能力的基层中小企业对效率低、技术单一的大型工业企业造成了很大冲击,很多大学在这一过程中发挥了重要的推动作用,如波兰的华沙大学、立陶宛的考纳斯科技大学、匈牙利的米什科尔茨大学等。

20 世纪 90 年代初期,机械电子工程在英国已经取得了很大发展,这一点从高校、机械工程师学会和电气工程师学会组织大量学术活动,以及在国际会议发表论文的情况中可以看出。英国机械工程师学会和电气工程师学会联合建立机电一体化论坛,主要目的是推动机电一体化相关主题的会议、访问、出版以及其他学术活动。兰卡斯特大学在机械和电子相关课程的基础上建立了英国第一个机械电子工程本科生学位课程,随后,德蒙福特大学、邓迪大学、赫尔大学、伦敦国王学院、利兹大学、萨塞克斯大学等纷纷加入。由于邓迪大学和邓迪理工学院的合作,使得邓迪这座城市在机械电子研究生课程方面尤为知名。德蒙福特大学的课程设置很重视欧洲学生的跨国交流并强调国际商业环境。成立于 1909 年的拉夫堡技术学院在 1966 年同拉夫堡教育学院联合组成拉夫堡技术大学,又于 1996 年兼并拉夫堡艺术和设计学院,更名为拉夫堡大学,在航空、制造、机械、电子领域均有很好的学术声誉,在机械电子领域处于领先地位。赫尔大学的课程设置遵循周模块形式,和拉夫堡大学较为相似。但需要指出的是,很多大学只是将相关系统工程课程改了名字而已,缺乏对相关课程模块的集成。

20 世纪 90 年代早期,虽然北美的很多机构都声称自己在开展机电工程教育,但事实上他们仅提供微处理器或单片机类的相关课程模块而已,并且基本在大学四年级才开展,还有很多学校并不提供学位课程或颁发学位证书。值得一提的高校包括科罗拉多州立大学、斯坦福大学、爱荷华州立大学、特拉华大学、普渡大学、佐治亚理工学院、华盛顿大学、康考迪亚大学、伦斯勒理工学院和俄亥俄州立大学等。比如,授予机电工程学位必须有机电专业课程,这样的例子可以在伦斯勒理工学院、斯坦福大学的"机械电子产品系统设计"或"智能产品设计"中看到。这些课程通常只提供给大学四年级或具有研究生水平的学生,同时需要项目设计、构建并测试,很多情况下还需要小组间开展竞赛。俄亥俄州立大学在电子或机械工程之外,为本科生提供一门名为"机电工程设计"的跨院系学位课程,学生在完成指定课程并考核合格后可获得该学位证书。

3.4　机械电子工程的专业领域

机械电子工程融合了多个跨学科的专业领域,包括机械工程、电气工程、电子工程、电力工程、航空航天工程、生物医学工程、通信工程、计算机系统工程、工业工程、仪表和控制工程、制造和生产工程、软件工程、信息和智能系统、控制系统和建模、光学、系统工程、人工智能、智能计算机控制、精密工程、虚拟化和虚拟环境等,并形成了统一的促进产品设计和加工的流程框架。

机械电子工程特定的专业领域包括:机械和机械动力学;机械设计和材料;机器人技术;机械电子设计和系统集成;电子技术;电力电子技术;电磁能量转换;流体动力和其他驱动设备;流体热力学;工业自动化;工厂和生产过程系统;流程管理、调度、优化和控制;运动控制;信号处理;仪表、测量及传感器;数字通信与网络;航空计算机硬件和控制系统;嵌入式和实时系统;软件工程;人机界面工程和人体工程学;人工智能技术;智能基础设备;建模和仿真;系统工程。

根据对机械电子工程专业领域的描述,毕业生可能从事的工作岗位包括:机械工程师;电机机械工程师;电子/电气工程师;仪器仪表工程师;程序/工艺工程师;数据记录工程师;软件工程师;项目工程师;系统工程师;工厂自动化工程师;工程监控和系统工程师;维修维护工程师;资产管理工程师;厂务/设备工程师。

综合国内外资料,随着生物电子机械系统、量子计算机、微纳米和超微系统以及其他不可预见的技术发展,未来机械电子工程专业的发展方向主要包括:

(1)光机电一体化:一般的机电一体化系统由传感系统、能源系统、信息处理系统、机械结构等部件组成。因此,引进光学技术利用其先天优势能有效地改进机电一体化系统的传感系统、能源(动力)系统和信息处理系统。

(2)数字化控制:微控制器的发展奠定了机电产品数字化的基础,而计算机网络的迅速普及为数字化设计与制造(如虚拟设计、计算机集成制造等)铺平了道路,数字化的实现将便于远程操作、诊断和修复。

(3)智能化:智能化是机电一体化与传统机械自动化的主要区别之一,处理器速度的提高、微机的高性能化、传感器系统的集成化与智能化均为嵌入智能控制算法创造了条件,智能化机电产品可以模拟人工智能,具有某种程度的判断推理、逻辑思维和自主决策能力,从而取代制造工程中人的部分脑力劳动。

(4)模块化:由于机电一体化产品种类和生产厂家众多,研制和开发具有标准机械接口、电气接口、动力接口、信息接口的机电一体化产品单元是一项复杂而重要的工作,它需要制定一系列标准,以便各部件、单元的匹配。机电一体化产品生产企业可利用标准单元迅速开发新产品,同时也可以不断扩大生产规模。

(5)微型化:微型机电一体化系统的尺寸正向微米、纳米级方向发展。由于微机电一体化系统具有体积小、耗能小、运动灵活等特点,可进入一般机械无法进入的空间并易于进行精细操作,特别在生物医学、航空航天、信息技术、工业、农业和国防等领域都有广阔的应用前景。

第4章 机电一体化技术导论

"机电一体化"无论是对产品开发而言,还是对人才培养而言都是一个发展趋势。机械工程学科已摆脱单一的机械科学和技术,转变为与电子科学和技术、计算机科学和技术等多学科高度融合的复合、交叉学科,从而形成机械工程及自动化、机械电子工程等机电复合的二级学科。机械电子工程(本科)、机电一体化技术(高职)、机电技术应用(中职)等专业的内涵主要是机电一体化技术,包含机械技术、电子技术、传感技术、控制技术和计算机技术等,各项技术相互交叉、融合,又派生出许多新的学科,而当代的机械电子工程就是多种学科交叉融合的产物,并还在继续发展壮大。

4.1 机电一体化的内涵

到目前为止,就机电一体化这一概念的内涵,国内外学术界还没有一个完全统一的表述,比较认可的是日本机械工业振兴协会经济研究所提出的解释:"机电一体化乃是在机械的主功能、动力功能、信息功能和控制功能上引进微电子技术,并将机械装置与电子装置用相关软件有机结合而构成系统的总称。"可以说,机电一体化是机械技术、电子技术及信息技术相互交叉、融合的产物,如图4-1所示。机电一体化含有技术与产品两方面的含义。机电

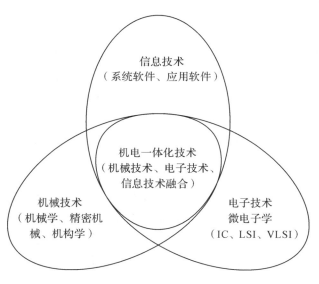

图 4-1 机电一体化技术领域

一体化技术,即为使机电一体化系统(或产品)得以实现、使用和发展的技术;机电一体化系统(或产品),主要是机械系统(或部件)与电子系统(或部件)用相关软件有机结合而构成新的系统,并具有新的功能和新的性能的新一代系统(或产品)。

机电一体化学科打破了传统的机械工程、电子工程、信息工程、控制工程、光学工程等学科的独立分类,形成了融机械工程、电子工程、信息工程等多学科于一体,从系统论的角度分析问题、解决问题的一门新兴的交叉学科。

4.2 机电一体化的基础知识

4.2.1 机械技术基础

1. 平面连杆机构

平面连杆机构是最基本和经典的机械结构,应用十分广泛,它是由许多刚性构件用低副连接而成的机构,故称为低副机构。这类机构常应用于各种原动机、工作机和仪器中,如飞机和汽车的发动机、B-25 轰炸机以及某些跑车的发动机均由平面连杆机构原理演化而来,又如普遍使用的牛头刨床机构,同样也是平面连杆机构在实际系统中的重要应用。

常见的平面连杆机构有:

(1)铰链四杆机构:如图 4-2 所示,固定不动的构件 4 为机架,与机架以转动副相连接并做整周运转的构件 1 为曲柄,与机架以转动副相连接只做来回摆动的构件 3 为摇杆,不与机架相连接,一般只做平面复杂运动的构件 2 为连杆。按照连架杆(1 与 3)能否做整周转动,可将四杆机构分为曲柄摇杆机构(一个为曲柄,另一个为摇杆)、双曲柄机构、双摇杆机构。

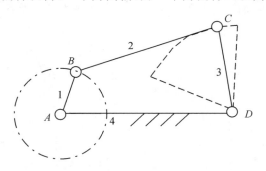

图 4-2　铰链四杆机构

(2)曲柄滑块机构:当图 4-2 为曲柄摇杆机构时,如果摇杆 3 运动轨迹的圆弧半径无限长,则铰链四杆机构可演化为图 4-3 所示的曲柄滑块机构,这也是常见的平面四杆机构之一,如果取构件 1 为机架,则转化为转动导杆机构,继续增加构件 1 的长度直到大于构件 2,则转化为摆动导杆机构,牛头刨床就是典型的摆动导杆机构;若取构件 2 为机架,则转化为曲柄摇块机构;若取构件 3 为机架,则转化为定块机构。

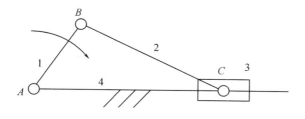

图 4-3　曲柄滑块机构

2. 齿轮机构

齿轮机构用以传递空间任意两轴之间的运动和动力,它具有传递功率范围大、效率高、传动比准确、使用寿命长、工作安全可靠的特点,是现代机械中应用广泛的一种传动机构。按照一对齿轮传递的相对运动是平面运动还是空间运动,可分为平面齿轮机构和空间齿轮机构两类。做平面相对运动的齿轮机构称为平面齿轮机构,用于两平行轴间的传动;做空间相对运动的齿轮机构称为空间齿轮机构,用于非平行两轴线间的传动,圆形齿轮机构的具体类型如表 4-1 所示。

齿轮传动副的选用:如图 4-4 所示,假定主动齿轮由步进电动机驱动,其步距角为 α [(°)/脉冲],已知脉冲当量为 δ(mm/脉冲),滚珠丝杠导程为 P_h(mm),则可用下式来计算传动比:

表 4-1　圆形齿轮机构的类型

类型	传递平行轴运动的直齿圆柱齿轮机构		
平面齿轮机构	外啮合齿轮机构	内啮合齿轮机构	齿轮与齿条
	![外啮合齿轮机构]	![内啮合齿轮机构]	![齿轮与齿条]
	斜齿圆柱齿轮机构		人字齿轮机构
	![斜齿圆柱齿轮机构]		![人字齿轮机构]

续表

类型	传递交错轴运动的外啮合齿轮机构	
空间齿轮机构	交错轴斜齿轮机构	蜗轮蜗杆机构

	直齿锥齿轮机构 / 斜齿锥齿轮机构 / 曲齿锥齿轮机构	

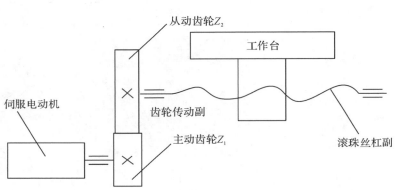

图 4-4　齿轮副的传动过程

$$i=\frac{\alpha P_h}{360\delta} \tag{4-1}$$

　　从步进电动机到滚珠丝杠的运动通常为减速传动,其目的是获得整量化的脉冲当量或将步进电动机的输出转矩放大。如果没有这些要求,最好将步进电动机与滚珠丝杠直接相连,这样有利于简化结构、降低噪声、提高精度。对于进给伺服系统,通常传递的转矩不是很大,一般取齿轮模数 $m=1\sim2\mathrm{mm}$;但因为传动精度要求较高,所以齿数 Z_1、Z_2 不要取得太小。

3. 凸轮机构

凸轮机构是由凸轮、从动轮、机架以及附属装置组成的一种高副机构(见图4-5)。其中凸轮是一个具有曲线轮廓的构件,通常做连续的等速转动、摆动或移动。从动件在凸轮轮廓的控制下,按预定的运动规律做往复移动或摆动。常见的凸轮机构按形状可分为盘形凸轮、移动凸轮和圆柱凸轮等。凸轮机构应用广泛,如应用于自动机械、自动控制装置和装配生产线等。

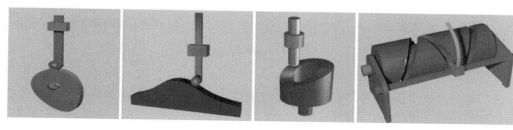

　(a)盘形凸轮　　　　　(b)移动凸轮　　　　　(c)圆柱凸轮1　　　　　(d)圆柱凸轮2

图4-5　各类凸轮机构

如图4-6所示的录音机卷带装置中,凸轮1随放音键上下移动。放音时,凸轮1处于最低位置,在弹簧的作用下,安装于带轮轴上的摩擦轮4紧靠卷带轮5,从而将磁带卷紧。停止放音时,凸轮1随按键上移,其轮廓压迫从动件2顺时针摆动,使摩擦轮与卷带轮分离,从而停止卷带。

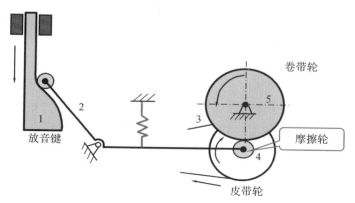

图4-6　录音机卷带装置

4. 带传动

带传动主要由主动轮、从动轮以及张紧在两轮上的挠性传动带所组成,如图4-7所示。由于张紧,在静止时带已受到预压力(称为张紧力),带和带轮的接触面间便产生一定的正压力。当主动轮回转时,带和主动轮接触面间产生的摩擦力使带运动,同时带又靠与从动轮接触面间的摩擦力,驱使从动轮回转,从而传递运动和动力。日常生活中常见的采用带传动的装置有跑步机、粉碎机和拖拉机等。按照工作原理的不同可分为摩擦型带传动和啮合型带传动。而摩擦型带传动按照带的截面形状可分为平带传动、V带传动以及圆带传动。

(a) 摩擦型带传动　　　　　　　　　　　(b) 啮合型带传动

图 4-7　带传动装置

5. 其他机构

为了满足高效生产、多种多样工艺规范的要求,提高生产率,在很多情况下要求机器中的执行机构或辅助机构做周期性的间歇运动,以进行加工、换位、分度、进给、换向、供料、计数、检测等工艺操作。所采用的常见的机械机构有棘轮机构、槽轮机构、间歇运动机构、螺旋机构等,如图 4-8 所示。

(a) 棘轮机构　　　　(b) 槽轮机构　　　(c) 间歇运动机构　　　　(d) 螺旋机构

图 4-8　常见机械机构

4.2.2　传感检测技术

机电一体化设备若要有效发挥作用,少不了状态检测这一环节,检测指利用各种物理、化学效应,选择合适的方法与装置,对生产、科研、生活等各方面的有关信息通过检查与测量的方法赋予定性与定量结果的过程。检测需要借助各类传感器来获得各种外部或内部的信息,传感器是一种以测量为目的,以一定的精度把被测量转换为与之有确定关系的、便于处理的另一种物理量的测量器件,传感器的输出信号多为容易处理的电量,如电压、电流、频率等。传感器主要由敏感元件、传感元件以及测量转换电路组成(见图 4-9)。

图 4-9　传感器信号转换

如图 4-10 所示的传感器在弹性敏感元件上粘有一种称为电阻应变片的传感元件,该传感元件能将变形量转换为电阻值(电参量)的变化,应变片电阻值的变化由电桥电路转换成电压输出,电桥电路即为测量转换电路,在转换过程中,压力、变形量、电阻值及电压均呈线性关系,因此,最终压力也与电压呈线性关系,压力转换成电压后,经过放大等一系列处理,由二次仪表等设备显示数值。

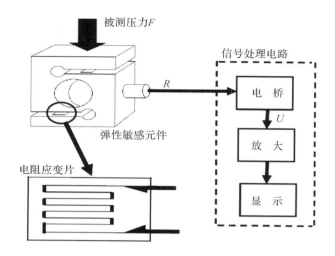

图 4-10　传感器工作原理

　　用于测量和控制的传感器种类繁多,一个被测量可以用不同种类的传感器测量,如温度既可以用热电偶测量,又可以用热电阻测量,还可以用光纤传感器测量;而同一原理的传感器,通常又可以测量多种非电量,如电阻应变传感器既可测量压力,又可测量加速度等。由此传感器的分类方法很多,主要有以下几种分类方法。

　　按被测量分类,常见的传感器有位移、转速、力、力矩、振动、加速度、压力、流量、温度传感器等。按测量原理可分为电阻、电容、电感、光栅、热电偶、超声波、激光、红外、光导纤维传感器等。按输出信号的性质可分为模拟式传感器和数字式传感器。按传感器的能量转换情况可分为能量控制型传感器和能量转换型传感器。

　　很多情况下,传感器的命名方法是将被测量和被测原理相结合,如电容式加速度传感器,表示该传感器的测量对象是加速度,测量原理是电容的变化值。

1. 磁致伸缩位移传感器

　　磁致伸缩位移传感器(见图 4-11),通过内部非接触式的测控技术精确地检测活动磁环的绝对位置来测量被检测产品的实际位移值,由于作为确定位置的活动磁环和敏感元件并无直接接触,因此传感器可应用在极恶劣的工业环境中,不易受油渍、溶液、尘埃或其他污染的影响。此外,传感器采用高科技材料和先进的电子处理技术,因而它能应用在高温、高压和高

图 4-11　磁致伸缩位移传感器

振荡的环境中。传感器输出信号为绝对位移值,即使电源中断、重接,数据也不会丢失,更无须重新归零。由于敏感元件是非接触的,就算不断重复检测,也不会对传感器造成任何磨损,可以大大地提高检测的可靠性和使用寿命。

　　其工作原理是通过两个不同磁场相交产生一个应变脉冲信号来准确地测量位置,测量元件是一根波导管,波导管内的敏感元件由特殊的磁致伸缩材料制成,测量过程是传感器的电子室内产生电流脉冲,该电流脉冲在波导管内传输,从而在波导管外产生一个圆周磁场,当该磁场和套在波导管上作为位置变化的活动磁环产生的磁场相交时,由于磁致伸缩的作

用,波导管内会产生一个应变机械波脉冲信号,这个应变机械波脉冲信号以固定的声音速度传输,并很快被电子室所检测到。由于这个应变机械波脉冲信号在波导管内的传输时间和活动磁环与电子室之间的距离成正比,通过测量时间,就可以高度精确地确定这个距离。由于输出信号是一个真正的绝对值,而不是比例的或放大处理的信号,所以不存在信号漂移或变值的情况,更无须定期重标。

2. 增量式旋转编码器

增量式旋转编码器主要由玻璃码盘、发光管、光电接收管和整形电路组成。玻璃从外往内分为 3 环,依次为 A 环、B 环和 Z 环,各环中的黑色部分不透明,白色部分透明可通过光线,玻璃码盘的中间安装转轴,码盘与伺服电机同步旋转。增量式旋转编码器的结构与工作原理如图 4-12 所示。编码器的发光管发出光线照射到玻璃码盘,光线分别通过 A 环、B 环的透明孔照射到 A 相、B 相光电接受管上,从而得到 A 相、B 相脉冲,脉冲经过放大整形后输出,由于 A 环、B 环透明孔交错排列,故得到的 A 相、B 相脉冲相位差 90°。Z 环只有一个透明孔,码盘旋转一周时只产生一个脉冲,该脉冲称为 Z 脉冲(零位脉冲),用来确定码盘的起始位置。

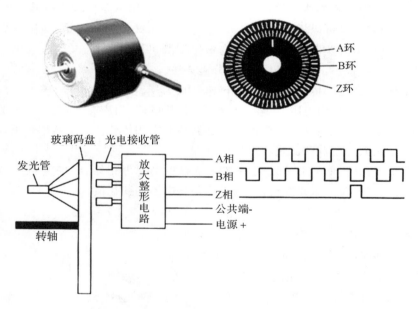

图 4-12　增量式旋转编码器及其工作原理

3. 电涡流式转速传感器

电涡流式转速传感器(见图 4-13)是在速度分析测量中,特别是对非接触的转动、位移信号,能连续准确地采集到振动、转动等轨迹运动的多种参数的一种传感器。电涡流式转速传感器具有高线性度、高分辨力地测量金属导体与探头表面距离的能力。它是一种非接触测量工具,能够准确测量被测体(必须是金属导体)与探头端面之间静态和动态的相对位移变化量。

电涡流式转速传感器系统中的前置器中高频振荡电流通过延伸电缆流入探头线圈,在探头头部的线圈中产生交变的磁场。若被测金属体靠近这一磁场,则在此金属表面产生感应电流,与此同时该电涡流场也产生一个方向与头部线圈方向相反的交变磁场,由于其反作用,头部线圈高频电流的幅度和相位得到改变(线圈的有效阻抗),这一变化与金属体磁导率、电导率、线圈的几何形状、几何尺寸、电流频率以及头部线圈到金属导体表面的距离等参数有关。通常假定金属导体材质均匀且性能是线性和各向同性的,线圈和金属导体系统的物理性质可由金属导体的电导率 σ、磁导率 ξ、尺寸因子 τ、头部体线圈与金属导体表面的距离 D、电流强度 I 和频率 ω 参数来描述。线圈

图 4-13　电涡流式转速传感器

特征阻抗可用 $Z = F(\tau, \xi, \sigma, D, I, \omega)$ 函数来表示。通常我们能做到控制 $\tau, \xi, \sigma, I, \omega$ 这几个参数在一定范围内不变,则线圈的特征阻抗 Z 就成为距离 D 的单值函数,虽然整个函数是非线性的,其函数特征为 S 形曲线,但可以选取它近似为直线的一段。于是,通过前置器电子线路的处理,将线圈阻抗 Z 的变化,即头部体线圈与金属导体的距离 D 的变化转化成电压或电流的变化,输出信号的大小随探头与被测体表面间距的变化而变化,电涡流式转速传感器就是根据这一原理实现对金属物体的位移、振动等参数的测量的。

其他常见的传感器还有电感式接近开关、压电式振动加速度传感器、压阻式压力传感器、电阻应变式称重传感器和温度传感器等。

4.2.3　电力电子技术

电力电子学这一名称是在 20 世纪 60 年代出现的。1974 年美国学者纽厄尔(Newell)用倒三角对电力电子学进行了描述,认为电力电子学是由电力学、电子学和控制理论三个学科交叉而形成的,这一观点被全世界普遍接受。电力电子技术的应用范围十分广泛,它既用于一般工业,也广泛用于交通运输、电力系统、通信系统、计算机系统、新能源系统等,在照明、空调等家用电器及其他领域也有广泛的应用。

电力电子器件和相关电路是电力电子学的基础,电力电子器件是指可直接用于处理电能的主电路中,实现电能的变换或控制的电子器件。在电气设备或电力系统中,直接承担电能的变换或控制任务的电路被称为主电路。广义的电力电子器件可分为电真空器件和半导体器件两类。20 世纪 50 年代以来,除了在频率很高的大功率高频电源中还在使用真空管外,半导体材料的电力电子器件逐步取代了电真空器件。因此,电力电子器件目前往往专指电力半导体器件,如整流电路、逆变电路、滤波电路、晶闸管触发电路等,它们在控制系统中解决信号的功率放大问题。

应用电力电子器件的工作原理如图 4-14 所示。在电力电子器件的实际应用中,一般由控制电路、驱动电路和以电力电子器件为核心的主电路组成一个系统。由信息电子电路组成的控制电路按照系统的工作要求形成控制信号,通过驱动电路控制主电路中电力电子器件的导通或者关闭,来发挥整个系统的功能。因此,从宏观的角度来讲,电力电子电路也被称为电力电子系统,有的电力电子系统中需要检测主电路或者应用现场中的信号,再根据这些信号并按照系统的工作要求来形成控制信号,这就还需要检测电路。广义上人们往往将检测电路和驱动电路这些主电路以外的电路都归为控制电路,从而粗略地说电力电子系统由主电路和控制电路组成。电力电子器件一般都有三个端子(或者称为极、管脚),其中两个

端子连接在主电路中端子,而第三个端子被称为控制端(或控制极)。电力电子器件的导通或者关闭是通过在其控制端和一个主电路端子之间施加一定的信号来控制的,这个主电路端子是驱动电路和主电路的公共端,一般是主电路电流流出电力电子器件的端子。

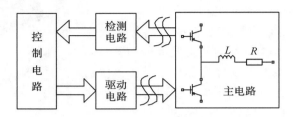

图 4-14　应用电力电子器件工作原理

4.3　机电一体化的系统和技术构成

4.3.1　机电一体化系统

传统的机械产品一般由动力部分、传动部分、执行部分和控制部分组成,其控制部分及信号传递与反馈相对比较简单,且其各个部分简单叠加。机电一体化系统是在传统的机械产品基础上发展起来的产品或系统,是机械与电子、信息技术高度结合的产品或系统,除了包含传统机械产品的组成部分以外,还含有与电子技术和信息技术相关的组成要素,或这一部分要素更复杂。一般而言,一个较为完善的机电一体化系统包含以下几个基本要素(见图4-15):机械本体、传感检测部分、电子控制单元、执行器及动力源。各要素之间通过接口相互联系,高度融合。

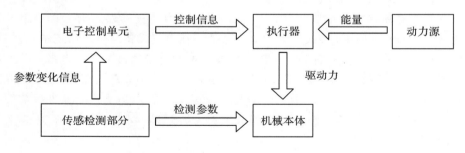

图 4-15　机电一体化系统的构成

1. 机械本体

机械本体包括机架、机械传动和工作机构等。机电一体化系统都含有机械部分,它是机电一体化系统的基础,起着支撑系统中其他功能单元以及传递动力和运动的作用,是机电一体化系统体现主功能的主要载体,是控制系统中的被控对象。与传统的机械产品相比,机电一体化系统的传动部分有所弱化,而工作机构有所强化,同时在零件的质量、几何尺寸、制造精度上和机械机构的动态性能上要求更高,总体要求机械本体具有高效、多功能、可靠和节能、小型、轻量等特点。

2．传感检测部分

传感检测部分是系统的感受器官,是实现自动控制、自动调节的关键环节。其功能越强,系统的自动化程度就越高。现代工程要求传感器能快速、精确地获取信息并能经受严酷环境的考验,它使机电一体化系统受到高水平的保护。

3．电子控制单元

电子控制单元是机电一体化系统的核心或中枢,负责将来自各传感器的检测信号和外部输入信号进行集中、存储、计算和分析,根据信息处理结果,按照一定的程序和节奏发出相应的指令,控制整个系统有目的地运行。电子控制单元由硬件和软件两部分组成,其中硬件一般由计算机、单片机、可编程控制器、数控装置以及逻辑电路、A/D与D/A转换器、I/O结构和计算机外部设备等组成;软件为固化在计算机存储器内的系统程序和控制程序,根据系统的控制目的要求编写。机电一体化系统对信息处理单元和控制单元的基本要求是:高的信息处理速度、高的可靠性、高的抗干扰和自我诊断能力、信息处理智能化等。

4．执行器

执行器的作用是根据电子控制单元的指令驱动机械部件的运动。执行器是驱动件,通常采用的驱动方式有电力驱动(电动机驱动)、气压驱动和液压驱动等。机电一体化系统对驱动件的要求是效率高、响应快。随着电力电子技术的发展,高性能的变频驱动器、步进驱动器和伺服驱动器已广泛地应用于机电一体化系统中。

5．动力源

动力源是机电一体化系统的能量供应部分,其作用是按照控制系统要求向机器的各个子系统提供能量和动力,是系统的心脏。能量的提供方式包括电能、气能和液压能,通常以电能为主。

机电一体化的系统组成和技术组成也可借用自动控制理论的"语言",用图 4-16 表示。

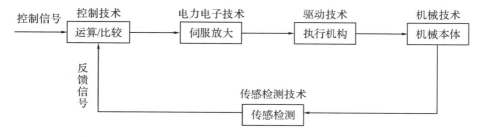

图 4-16 机电一体化系统构成及技术构成

4.3.2 机电一体化系统共性技术

如前所述,机电一体化技术是在传统技术的基础上由多种技术相互交叉、融合而形成的一门综合性、边缘性的技术学科,所涉及的技术领域非常广泛。要深入进行机电一体化系统研究和相应产品开发,就必须了解并掌握这些技术。

概括起来,机电一体化的共性、关键技术主要有机械技术、传感检测技术、信息处理技术、自动控制技术、驱动技术、接口技术、系统总体技术。

1. 机械技术

机械技术是机电一体化技术的基础。机电一体化产品中的主要功能和构造功能往往是通过机械技术实现的。传统的机械系统和机电一体化中的机械系统的主要功能都是完成一系列相互协调的机械运动,这些运动由计算机协调与控制。机电一体化中的机械系统应满足以下三方面的要求:精度高、动作快、稳定性好。简言之,就是满足"稳、准、快"的要求。

为了满足以上要求,在设计和制造机电一体化中的机械系统时,常常采用精密机械技术。概括地讲,机电一体化中的机械系统一般由五部分组成。

(1)传动机构:主要功能是完成减速增扭(将原动机所输出的速度降低,对应地,所输出的扭矩必然增大,以适应执行部分工作之需要),如同步带传动、齿轮传动等。对传动机构的要求是传动精度高、惯性小、体积小等。

(2)导向机构:主要起支撑和导向作用。导向机构限制运动部件,使其按给定的运动方向和路径运动,如滚动直线导轨、贴塑导轨、流体静压导轨、气体静压导轨等。对导轨的基本要求是精度高、摩擦阻力小、无爬行现象等。

(3)执行机构:主要功能是根据操作指令完成预定的动作。执行机构需具有高的灵敏度、精确度和良好的重复性、可靠性等。常用的执行机构有滚珠丝杠机构、齿轮齿条机构、凸轮机构、槽轮机构、夹持机构等。

(4)轴系:主要作用是支撑回转零部件和传递扭矩。轴系由轴、轴承等零部件组成。

(5)机架:支撑其他零部件,将各零部件构成一个整体,保证各零部件的相对位置。

图 4-17 为数控机床的进给系统,所涉及的机械技术为:根据工作台所受到的工作阻力(主要为切削力)、最大工作速度、定位精度等技术要求,计算伺服电机功率及进行电机选型等,计算滚珠丝杠传动并选型,设计齿轮传动,计算导向机构(线性导轨)并选型,设计轴系零部件及机座等。图中仅显示了传动机构(齿轮传动副)和执行机构(滚珠丝杠副),其他未完全表示出。

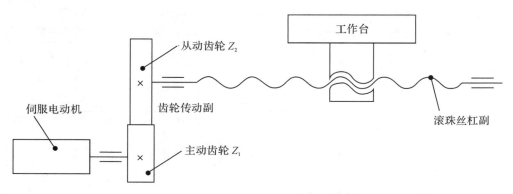

图 4-17　机械系统的组成(以数控机床进给系统为例)

2. 自动控制技术

所谓自动控制,就是指在没有人直接参与的情况下,利用控制器使生产过程或被控制对象的某一物理量准确地按照预期的规律运行。例如火炮根据雷达指挥仪传来的信息,能够自动地改变方位角和仰俯角,随时跟踪目标,瞄准弹着点;数控机床能够按预定的工艺程序自动地进刀切削,加工出预期的几何形状;垂直电梯能够按照指令准确到达指定楼层。

工业上用的控制系统,根据有无反馈作用,又可分为两类:一类是开环控制系统,另一类是闭环控制系统。如果系统的输出端与输入端之间不存在反馈回路,输出量对系统的控制作用没有影响,这样的系统就称为开环控制系统。凡是系统的输出端与输入端之间存在反馈回路,即输出量对控制作用有直接影响的系统,叫闭环系统。如图 4-18 所示的电炉箱恒温自动控制系统就是一个典型的反馈控制系统,图中显示了组成该系统的基本元件(模块)以及各元件在系统中的位置和各元件相互间的联系。图 4-19 为图 4-18 的方块图。一个典型的反馈控制系统应该包括检测偏差所需的反馈元件、控制元件(比较元件)、放大变换元件和执行元件等。

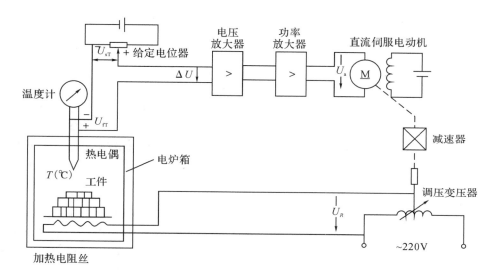

图 4-18　电炉箱恒温自动控制系统

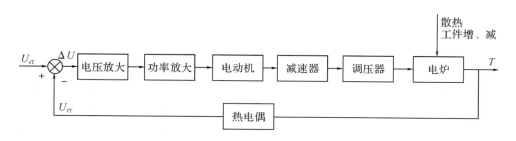

图 4-19　自动控制系统方块图

反馈元件:它产生与被控制量有一定关系的反馈信号。这种反馈信号可以是被控制量本身,也可以是它的函数或导数。

控制元件:又称比较元件,它用来比较输入信号(控制信号)与反馈信号并产生反映两者差值的偏差信号。

放大变换元件:把偏差信号放大并进行能量形式(电气、机械、液压)转换,使之达到足够的幅值和功率(信号放大和功率放大)。

执行元件:它是根据控制信号的变化规律直接对控制对象进行操作的元件。

控制对象:就是控制系统所要操控的对象,在机电一体化系统中就是机械对象,它的输出量即为系统的被控制量。

自动控制技术的核心就是反馈控制,也就是利用偏差来纠正偏差的技术。

3. 信息处理技术

信息处理技术包括信息的交换、存储、运算、判断和决策等,实现信息处理的主要硬件工具为微型计算机和信号处理器(如数字信号处理器)。计算机除了具有控制功能外,还具有强大的信息处理功能。数字信号处理器具有快速的数字信号处理功能。在机电一体化产品中,计算机与信息处理装置控制、指挥整个产品的运行。人工智能技术、专家系统技术、神经网络技术均属于计算机信息处理技术。

4. 传感检测技术

在机电一体化系统中,工作过程的各种参数、工作状态以及与工作过程有关的相应信息都要通过传感器进行接收,并通过相应的信号检测装置进行测量,然后将信息送入信息处理装置反馈给控制装置,以实现产品工作过程的自动控制。机电一体化产品要求传感器能快速和准确地获取信息并且不受外部工作条件和环境的影响,同时检测装置能不失真地对信号进行放大、转换和输送。机电一体化系统中常用的传感器有光电编码器、光栅、测速仪等。

5. 驱动技术

对于驱动技术,主要研究对象是执行元件及驱动装置。执行元件有电动、气动和液压等多种类型。机电一体化系统多采用电动执行元件,其驱动装置主要是指各种电动机的驱动电源电路,目前多采用电力电子器件及集成化的功能电路。执行元件一方面通过电气接口向上与微机连接,以接受微机的控制信号;另一方面通过机械接口向下与机械传动和机械机构相连,以实现规定的动作或运动。伺服驱动技术是直接执行操作的技术,对机电一体化产品的动态性能、稳态精度、控制质量等具有决定性的影响。常见的伺服驱动有电液伺服马达、脉冲液压缸、步进电机、交直流伺服电机。

6. 接口技术

接口技术是机电一体化系统中将各要素融合为综合系统的技术及实现途径。接口包括电气接口、机械接口和人机接口。电气接口实现系统间的电信号的连接;机械接口则完成机械与机械部分、机械与电气装置部分的连接;人机接口提供了人与系统间的交互界面。简单地说,接口就是机电一体化各子系统之间,以及子系统与各模块之间相互连接的硬件及相关协议软件。

7. 系统总体技术

系统总体技术是一种从整体目标出发,用系统论的观点和方法,将系统总体分解成若干相互之间有机联系的功能单元,并以功能单元为子系统继续分解,直至找到可实现的技术方案,再把功能和技术方案组合成方案组进行分析、评价和优选,从而实现对可靠性、标准化、系列化、造型等优化设计的综合应用技术。

4.4 机电一体化的系统实例

现代社会中的机电一体化系统(或产品)比比皆是,我们日常生活中使用的智能洗衣机、空调及全自动照相机,以及在机械制造领域中广泛应用的各种数控机床、工业机器人及自动生产线等,都是典型的机电一体化产品或系统;而汽车领域更是机电一体化技术成功应用的典范。汽车上已成功应用机电一体化系统,如发动机电子控制系统、汽车防抱死制动系统、全主动或半主动悬挂系统等。这些系统的应用,使得现代汽车乘坐的舒适性、行驶的安全性及废气排除的环保性都得到了大大的提高。

机电一体化技术强调技术间的相互渗透和有机结合,从而形成单项技术所无法达到的优势,并将这种优势通过性能优异的机电一体化系统体现出来。机电一体化系统的典型特征可以概括为"两小四高",具体为:体积小、重量小、速度高、精度高、可靠性高、柔性高。机电一体化技术是多学科的交叉融合,其发展和进步有赖于相关技术的进步与发展,其主要发展方向可以概括为"六化",分别为:智能化、模块化、网络化、微型化、绿色化、人性化。

4.4.1 数控机床

1. 数控机床的概念

数控技术是指采用数字化信息进行控制的技术。用数字化信息对机床的运动及其加工过程进行控制的机床,称为数控机床,它是数字控制技术和机床技术相结合的产物。

数控机床是典型的机电一体化产品,是集现代机械制造技术、自动控制技术、检测技术、计算机信息技术于一体的高效率、高精度、高柔性和高自动化的现代机械加工设备(见图 4-20)。

图 4-20 数控机床

2. 数控机床的组成

同其他机电一体化产品一样,数控机床也由机械本体、动力源、电子控制单元、检测传感部分和执行机器(伺服系统)组成。也可以将数控机床分成两大部分,即计算机数控系统(CNC 系统)和机床本体,如图 4-21 所示。CNC 系统由程序、输入输出(I/O)设备、CNC 装置、主轴控制单元、进给控制单元组成。

(1)机械本体,为数控机床的主体,用于完成各种切削加工的机械部分,从切削运动角度讲,主要由实现主轴(刀具)的主运动和工作台(工件)的进给运动两大运动的部件组成。

(2)动力源,为数控机床提供动力的部分,主要提供电能。

(3)电子控制单元,其核心就是计算机数控装置(CNC 装置)。它把收到的各种数字信息经过译码、运算和逻辑处理,生成各种指令信息输给伺服系统,使机床按规定的动作进行加工。

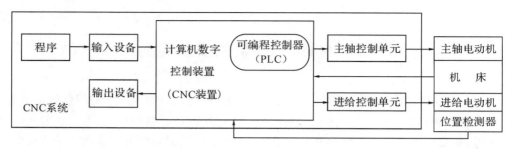

图 4-21　数控机床的组成

(4)检测传感部分,主要对工作台的直线位移和回转工作台的角位移进行检测,检测结果送入计算机,或用于显示,或用于反馈控制。

(5)执行机器(伺服系统),简称伺服系统,是一种以机械位置(或角度)为控制对象的自动控制系统。对于数控机床,如果说 CNC 装置是数控机床的"大脑",是发布"命令"的指挥机构,那么伺服系统便是数控机床的"四肢",是一种"执行机构"。伺服系统的性能在很大程度上决定了数控机床的性能。例如,数控机床的最高移动速度、跟踪精度、定位精度等指标,均取决于进给伺服系统的静、动态性能。

伺服系统的控制方式有开环控制、半闭环控制和闭环控制三种,如图 4-22、图 4-23、图 4-24 所示。

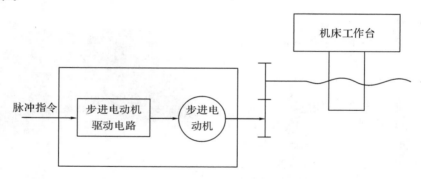

图 4-22　数控机床伺服系统的开环控制系统

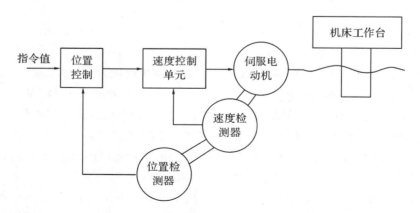

图 4-23　数控机床伺服系统的半闭环控制系统

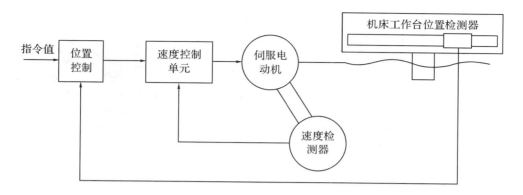

图 4-24　数控机床伺服系统的闭环控制系统

3. 数控机床的基本工作原理

在普通机床上加工零件,是由操作者根据零件图纸的技术要求,由人的大脑控制人的手,不断改变刀具与工件之间的相对运动轨迹,由刀具对工件进行切削而加工出符合要求的零件。在数控机床上加工工件,则是将被加工工件的加工顺序、工艺参数和机床的运动要求用数控语言编写成加工程序,然后输入 CNC 装置,CNC 装置对加工程序进行一系列的处理后,向伺服系统发出执行指令,由伺服系统驱动机床运动部件运动,从而自动完成零件的加工。图 4-25 为数控机床数控装置的控制流程,可将其看作是数控加工的基本工作原理。

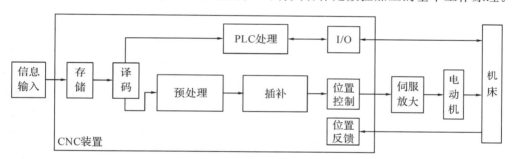

图 4-25　数控机床数控装置的控制流程

4.4.2　挖掘机

1. 定义

挖掘机又称挖掘机械(excavating machinery),是用铲斗挖掘高于或低于承机面的物料,并装入运输车辆或卸至堆料场的土方机械。

2. 系统组成

图 4-26 为挖掘机系统构成,主要由发动机系统、液压系统、工作装置、回转平台、行走机构等部分组成。发动机主要提供整个挖掘机的动力。工作装置是直接完成挖掘任务的装置,它由动臂、斗杆、铲斗等三部分铰接而成,动臂起落、斗杆伸缩和铲斗转动都用往复式双作用液压缸控制,工作装置可归为平面连杆机构。回转平台使工作装置及上部转台向左或

图 4-26　挖掘机系统构成

向右回转,以便进行挖掘和卸料。行走机构支撑挖掘机的整机质量并完成行走任务,多采用履带式和轮胎式。行走机构的各零部件都安装在整体式行走架上,履带式挖掘机中液压泵输入的压力油经多路换向阀和中央回转接头进入行走液压马达,该马达将液压能转变为输出扭矩后,通过齿轮减速器传给驱动轮,最终卷绕履带以实现挖掘机的行走。液压传动的轮胎式挖掘机的行走机构主要由车架、前桥、后桥、传动轴和液压马达等组成,行走液压马达安装在固定于机架的变速箱上,动力经变速箱、传动轴传给前后驱动桥,经轮边减速器驱动车轮。液压系统是挖掘机的重要组成部分,其性能直接关系到整机的操控性和节能性,负载敏感系统通过最高负载压力反馈实现系统的压力闭环控制,电器控制部分主要用于挖掘机的启停、各种动作的控制等。

3. 工作原理

挖掘机通过柴油机把柴油的化学能转化为机械能,由液压柱塞泵把机械能转化成液压能,通过液压系统把液压能分配到各执行元件(液压油缸、回转马达＋减速机、行走马达＋减速机),由各执行元件再把液压能转化为机械能,实现工作装置的运动、回转平台的回转运动、整机的行走运动。目前,机电液一体是液压挖掘机的主要发展方向,其目的是实现液压挖掘机的全自动化,即人们对液压挖掘机的研究,逐步向机电液控制系统方向转移,使挖掘机由传统的杠杆操控逐步发展到液压操控、气压操控、电气操控、液压伺服操控、无线电操控、电液比例操控和计算机直接操控。

4. 挖掘机的案例分析

工作目的:完成铲斗挖掘动作并将土放入指定位置。

典型工作流程(见图 4-27):挖掘机整机行走至合适的工作位置→转台回转,使工作装置处于挖掘位置→动臂下降,斗杆、铲斗调整至合适位置→斗杆、铲斗挖掘作业→动臂升起→回转工作装置转至卸载位置→斗杆、铲斗卸载。

为了提高发动机功率和缩短作业循环时间,工作过程中往往要求两个主要动作同时复合,挖掘机一个作业循环和动作复合主要包括:①挖掘。通常以铲斗液压缸或斗杆液压缸进行挖掘,或者两者配合进行挖掘,因此,在此过程中主要是铲斗和斗杆的复合动作,必要时配以动臂动作。②满斗举升回转。挖掘结束,动臂液压缸将动臂顶起,满斗提升,同时回转液压马达使转台转向卸土处,此时主要是动臂和回转的复合动作。③卸载。转到卸土点时,转台制动,用斗杆液压缸调节卸载半径,然后铲斗液压缸回缩,铲斗卸载。要调整卸载位置,还

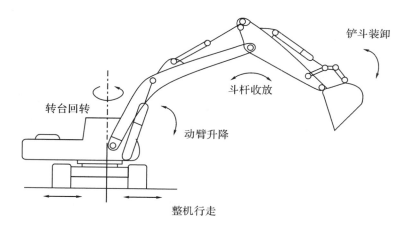

图 4-27　挖掘机典型工作流程

需要动臂液压缸配合,斗杆和铲斗做出复合动作,中间配合动臂动作。④空斗返回。卸载结束,转台反向回转,动臂液压缸和斗杆液压缸配合,把空斗放到新的挖掘点,此时是回转和动臂或斗杆的复合动作。⑤整机移动。将整机移动至合适的工作位置。⑥姿态调整与保持。满足停放、运输、检修等需要。⑦其他辅助作业。指辅助工作装置作业。

为完成上述工作流程,整个系统应包括:

（1）动力装置:电机、液压泵。

（2）传动机构:其主要工作部分采用四杆机构。

（3）执行部分:铲斗。

（4）传感检测部分:压力、流量、角度传感器等。

（5）信息处理与控制部分:信号处理单元、控制器等。

（6）电气部分:开关、断路器、变压器等。

4.4.3　电子皮带秤

1. 定义

电子皮带秤是一种利用重力原理,以连续的称量方式,确定并累计散状物料质量的连续累计自动衡器。功能是确定通过皮带的散状物料的瞬时和累积质量。

2. 系统组成

主要由秤架、皮带、称重传感器、测速传感器以及控制系统等部分组成。秤架是将被称物体的重量或力传递给称重传感器的系统,通常包括接受被称重物体的承载器、秤桥结构、吊技连接部件和限位减震机构等。称重传感器是将非电量的质量转换成电量的转换元件,在现代衡器中,称重传感器有着举足轻重的作用。称重传感器以分辨率（即标尺间隔或分度值 d）来评价其性能,分辨率越高,性能越好。称重传感器的结构形式有很多种,以电阻应变式最为常见,电阻应变式称重传感器在非线性、滞后及准确度方面均优于其他形式的传感器,而且其结构简单、便于应用。

测速传感器是将非电量的速度转换成电量的转换元件,有接触式和非接触式两类。磁电式测速传感是典型的接触式测速传感器,磁电式测速传感器输出一个频率与皮带速度成正比的脉冲信号,其组成元件有转子、定子、永久磁铁、线圈等,当传感器的转轴被皮带带动转动后,转子断面上的齿与定子断面上的齿处于相对位置时,间隙最小,磁通最大,当齿与缺口相对时磁通最小,磁通的变化在线圈中感应出近似正弦波的电信号,其值与线圈的匝数、磁场强度、定子与转子间的空隙大小及切割磁力线的速度有关。一个磁电式测速传感器,其线匝、磁场强度、间隙大小的变化规律都是固定的,因此输出信号的大小及其变化仅取决于切割速度,也就是与皮带速度直接有关的转子转速成比例。系统具有控制电子皮带秤启停、调节运行速度、计算瞬时和累计流量以及显示等功能。一台简单的电子皮带秤的控制系统应该包括两个功能:计算并显示系统瞬时流量和获得一段时间内的累计流量。要计算瞬时流量,只要将称重传感器测得的数据与测速传感器所测得的数据相乘,即可得出瞬时流量值,对瞬时流量进行积分即可得到累积流量。

3. 工作原理

称重给料机将经过皮带上的物料,通过称重秤架下的称重传感器进行重量检测,以确定皮带上的物料重量,装在尾部滚筒或旋转设备上的数字式测速传感器连续测量给料速度,该速度传感器的输出脉冲正比于皮带速度,速度信号与重量信号一起被送入皮带给料机控制器,系统产生并显示累计量/瞬时流量。给料控制器将该流量与设定流量进行比较,由控制器输出信号控制变频器调速,实现定量给料的要求(见图 4-28)。由上位机设定各种相关参数,并与 PLC 实现系统的自动控制,可以采用自动和半自动/手动两种运行方式。物料经过皮带输送机时,重量感应装置采集物料的瞬时重量,同时,安装在输送机上的速度传感器测量出皮带的运行速度,控制柜根据采样的重量和速度信号,计算出通过皮带机上物料的瞬时流量和累计流量。该装备在机械方面采用了带传动,结合电子控制单元(electronic control unit,ECU),达到传动过程中自动称量的目的。

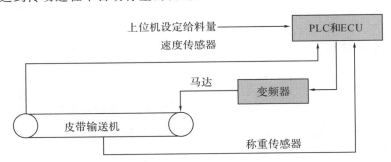

图 4-28　电子皮带秤及控制过程

4. 电子皮带秤的案例分析

工作目的:完成铲斗挖掘动作并将物料放入指定位置。

典型工作流程:电子皮带秤的工作流程相对比较简单,就是开机、放料、计数,但由于在计算物料重量时也把皮带的自重算在里面了,而皮带的自重以及各个传感器的度数会受温度、湿度等因素的影响,因此每隔一段时间需要对电子皮带秤进行校正调整,包括静态去皮、动态去皮、带速校准和过码标定等。

为达到上述工作目的,整个系统包括:

(1)动力装置:电机。

(2)传动机构:其主要工作部分采用了带传动。

(3)执行部分:秤架。

(4)传感检测部分:编码器、称重传感器。

(5)信息处理与控制部分:信号采集、处理模块、PLC。

(6)电气部分:电控柜。

4.4.4　自动生产线

1. 定义

自动生产线是由工件传送系统和控制系统,将一组自动机床和辅助设备按照工艺顺序联结起来,自动完成产品全部或部分制造过程的生产系统,简称自动线。

2. 发展历程

20 世纪 20 年代,随着汽车、滚动轴承、小型电动机和缝纫机等产业的发展,机械制造中开始出现自动线,最早出现的是组合机床自动线。在 20 世纪 20 年代之前,最先在汽车工业中出现了流水生产线和半自动生产线,随后发展成为自动线。第二次世界大战后,在工业发达国家的机械制造业中,自动生产线的数量急剧增加。

3. 优点

自动生产线在无人干预的情况下按规定的程序或指令自动进行操作或控制,其目标是"稳、准、快"。采用自动生产线不仅可以使人脱离繁重的体力劳动、部分脑力劳动,把人从恶劣、危险的工作环境中解放出来,而且能扩展人的器官功能,极大地提高劳动生产率,增强人类认识世界和改造世界的能力。

4. 组成

自动生产线主要由传送系统和控制系统两大系统组成。

自动线的工件传送系统一般包括机床上下料装置、传送装置和储料装置。在旋转体加工自动线中,传送装置包括重力输送式或强制输送式的料槽或料道,提升、转位和分配装置等。有时采用机械手发挥传送装置的某些功能。在组合机床自动线中当工件有合适的输送基面时,采用直接输送方式,其传送装置有各种步进式输送装置、转位装置和翻转装置等。对于外形不规则、无合适的输送基面的工件,通常将其装在随行夹具上定位和输送,这种情况下要增设随行夹具的返回装置。

自动线的控制系统主要用于保证线内的机床、工件传送系统,以及辅助设备按照规定的工作循环和联锁要求正常工作,并设有故障寻检装置和信号装置。为适应自动线的调试和正常运行的要求,控制系统有三种工作状态:调整、半自动和自动。在调整状态时可手动操作和调整,实现单台设备的各个动作;在半自动状态时可实现单台设备的单循环工作;在自动状态时自动线能连续工作。

图 4-29 为教学用自动生产线实物。

图 4-29 教学用自动生产线

5．工作原理

实际的自动生产线的工作过程较为复杂，不是简单几句话就能表达清楚的。现以一个以实际自动生产线为模型的机电一体化实验装置为例，说明自动生产线的工作过程和控制原理，如图 4-30 所示。

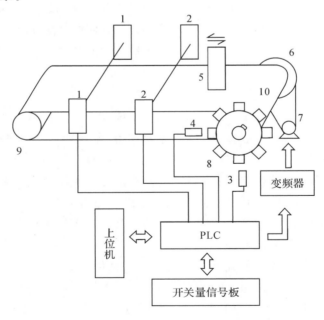

1,2—光电传感器;3,4—齿轮传感器;5—工件;6—V 带轮;7—电动机;8—测量轮;9—从动辊;10—主动辊。

图 4-30 机电一体化实验装置

图 4-30 所示的机电一体化实验装置的控制对象为皮带输送机，皮带输送机用于输送工

件到达指定位置,工件在指定的位置进行加工。皮带输送机的动力来自三相异步电动机,电动机由变频器对其进行启停、调速和正反转控制,皮带输送机传送工件到指定位置的定位控制通过 PLC 对齿轮传感器(脉冲发生器)所产生的脉冲计数来实现。PLC 同时还对变频器发出控制指令。光电传感器用于检测输送带上有无工件或工件是否到达指定位置。其控制系统原理如图 4-31 所示。

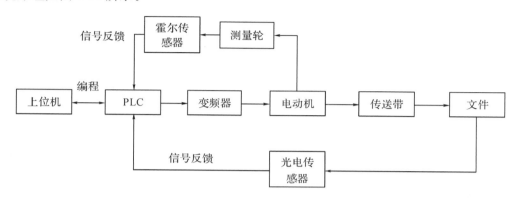

图 4-31　输送带控制系统原理

4.4.5　工业机器人

1. 定义

机器人系统实际上是一个典型的机电一体化系统,其工作原理为:控制系统发出动作指令,控制驱动器动作,驱动器带动机械系统运动,使末端操作器到达空间某一位置和实现某一姿态,实施一定的作业任务。末端操作器在空间的实时位姿由感知系统反馈给控制系统,控制系统把实际位姿与目标位姿相比较,发出下一个动作指令,如此循环,直到完成作业任务为止。

2. 发展历程

随着科学技术的不断进步,工业机器人的发展过程可以分成三代。其中,第一代为示教再现型机器人,它主要由机器人本体、驱动装置、控制器和示教盒组成,可按预先引导动作记录信息,重复再现执行,工业中应用最多;第二代为感觉型机器人,如具有力觉、触觉、视觉等,它具有对某些外界信息进行反馈调整的能力,已进入应用阶段;第三代为智能机器人,它具有感知和理解外部环境的能力,在工作环境改变的情况下,也能够成功地完成任务,尚处在试验研究阶段。

3. 组成

工业机器人大体上可分为五大部分:机械本体(机械手、机械臂)、驱动系统、控制系统、气动装置、感知和反馈系统。执行机构按控制系统的指令运动,动力来自驱动单元,具体组成及各部分的关系如图 4-32 所示。

1)机械本体

机械本体又称为操作机,是工业机器人的执行机构,它可分成机座、手臂、手腕和手部,如图 4-33 所示。分析时,一般将操作机简化为由连杆、关节和末端执行件组成。组成工业

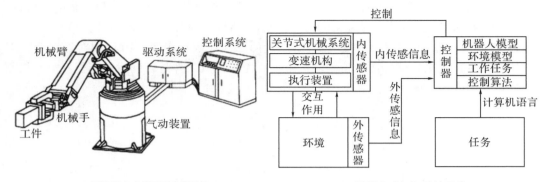

(a) 工业机器人本体及组成模块   (b) 机器人感知与反馈系统

图 4-32   工业机器人的组成及各部分相互关系

机器人的连杆和关节,按其功能可以分成两类:一类是组成操作机手臂的长连杆,也称臂杆,产生主运动,是操作机的位置机构;另一类是组成手腕的短连杆,实际上是位于臂杆端部的关节组,是操作机的姿态机构,确定了末端执行件在空间的方向。连杆首尾通过关节相连,构成一个开式连杆系,在连杆系的开端安装末端执行件。

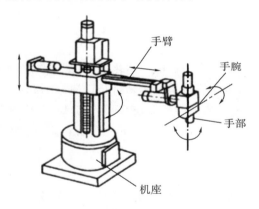

图 4-33   机器人机械本体组成

2)驱动系统

机器人的驱动系统,按动力源可分为液压式、气动式和电动式三种基本类型,根据需要也可将这三种类型组合成复合型驱动系统。

3)控制系统

控制系统是机器人的指挥中枢,相当于人的大脑,负责对作业指令信息、内外环境信息的处理,并依据预定的本体模型、环境模型和控制程序作出决策,产生相应的控制信号,通过驱动器驱动执行机构的各个关节按所需的顺序、沿确定的位置或轨迹运动,完成特定的作业。

4)气动装置

气动装置是一种动力传动装置,或称为能量转换装置,其利用气体压力传递能量,通过气体的膨胀或压缩产生的力做功,将压缩空气的弹性能量转换为动能,如气动马达、气缸、蒸汽机等都是典型的气动装置。

5）感知和反馈系统

感知和反馈系统共同作用实现机器人的智能化。传感器获取自身和工作环境信息，将此信息反馈给控制器，控制器根据这些信息进行任务规划和自主控制，从而实现控制目标。机器人所用的传感器按功能可以细分为内部传感器和外部传感器两大类。内部传感器主要用来检测机器人本身的状态，为机器人的运动控制提供必需的本体状态信息，如位置传感器、速度传感器等。外部传感器则用来感知机器人所处的工作环境或工作状态信息，又分环境传感器和末端执行器传感器两种类型，前者识别物体和检测物体与机器人之间的距离等信息，后者安装在末端执行器上，检测处理精巧作业的感觉信息。常见的外部传感器有力觉传感器、触觉传感器、接近传感器和视觉传感器等。

4．应用

自从 1962 年美国研制出世界上第一台工业机器人以来，机器人技术及其产品迅速发展，世界年均增长率在 10％左右，中国的年均增长率在 30％以上。目前，工业机器人主要应用于汽车制造、机械制造、电子器件、集成电路、塑料加工等较大规模生产企业，其中应用最广泛的领域为汽车整车和汽车零部件制造业。工业领域常用的机器人有点焊机器人、弧焊机器人、搬运机器人、装配机器人、喷涂机器人、抛光机器人和并联机器人等，详细的分析介绍将在第 5 章展开。

第5章 认识机器人技术

提到机器人,我们头脑里会闪现很多科幻作品如《我,机器人》《机器人总动员》《星球大战》等里面的形象。这些形象往往具有人的外形,穿着时尚的盔甲,甚至具有超能力,他们能保护人类,也可能毁灭地球。还有一类可爱型机器人,他们没有威风的装备,也没有炫酷的外表,更没有各式各样的法术,但能给人带来快乐。也许你已经在餐馆里品尝过服务机器人端上来的菜,这样的"噱头"屡见不鲜。有些人认为,最高级的机器人就要和人一模一样,其实未必,实际上,机器人是利用机械传动、现代微电子技术组合而成的一种能模仿某种技能的机械电子设备,它是在电子、机械及信息技术的基础上发展而来的,机器人的样子不一定像人,但只要能自主完成人类所赋予它的任务与命令,就可归类于机器人。

5.1 机器人印象——可编程仿人机器人

法国奥尔奥巴伦机器人(Aldebaran Robotics)公司开发的可编程仿人机器人(NAO)(见图 5-1)能够帮助我们建立对机器人的直观印象。NAO 拥有具备多个自由度的身体,其关键部件为电机和致动器,包括一系列传感器、用于自我表达的器件、位于头部和躯干内的CPU 以及电池。作为现实领域中最高级机器人的代表之一,目前 NAO 已被广泛应用于计算机科学、人工智能、通信工程、医疗等多个领域,并凭借其开放的平台和强大的技术支持,走进了多所世界名校,协助完成教育教学任务,许多大学生借助 NAO 学习编程,自己编写程序,让 NAO 走路、抓取小物体,甚至跳舞。

NAO 的运动模型基于普遍的逆运动学(generalized inverse kinematics)原理,可实现笛卡尔坐标系和关节控制、平衡、冗余和任务优先级等,换言之,当要求 NAO 伸出手臂时,它会同时弯下躯干(见图 5-1),而且会停止移动以保持平衡。NAO 使用关节传感器提供的反馈信息来实现行走平衡,可以在多种地面上行走,如地毯、瓷砖地、木质地板等,并可从一种地面自如地行走至另一种地面。摔倒管理器(fall manager)可在机器人摔倒时起到保护作用,当摔倒管理器探测到机器人要摔倒时,所有的运动任务都会被终止,机器人的双臂会根据情况处于自我保护的位置,而且重心降低,电机的刚度也会降为零。

NAO 拥有两个摄像头,可以跟踪、学习并识别不同的图像和面部。NAO 包含一系列算法,用于探测和识别不同的面部和物体形状,这样,机器人就可以认出和它说话的人,找到一个皮球或更为复杂的物体。让机器人与人类互动是研制仿人机器人的主要目的之一,声源定位功能用于确定声音来自何方,NAO 的声源定位功能基于"到达时间差"法(time difference of arrival)。当 NAO 附近的某个声源发出声音时,它身上的四个麦克风在接收声波的时间上会略有差异,通过数学运算可获得声源的当前位置和方向(方位角和仰角)。

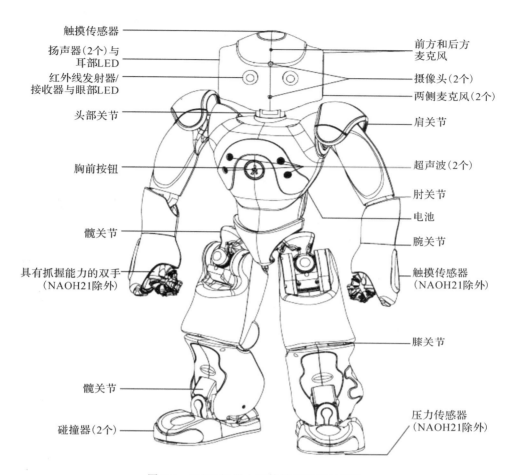

触摸传感器

扬声器(2个)与
耳部LED

红外线发射器/
接收器与眼部LED

头部关节

胸前按钮

髋关节

具有抓握能力的双手
(NAOH21除外)

髋关节

碰撞器(2个)

前方和后方
麦克风

摄像头(2个)

两侧麦克风(2个)

肩关节

超声波(2个)

肘关节

电池

腕关节

触摸传感器
(NAOH21除外)

膝关节

压力传感器
(NAOH21除外)

图 5-1 NAO 机器人整体结构及管件部件

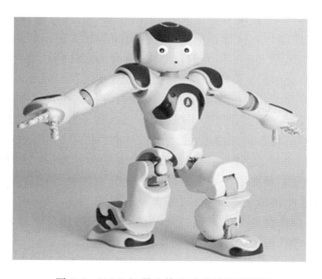

图 5-2 NAO 机器人伸出手臂并弯下躯干

另外,NAO 还配备了电容式传感器和双通道超声波系统,人们可以通过触摸向 NAO 发出信息,并且机器人在做出动作时,可估计自身与周围环境中的障碍物之间的距离。NAO 的操作系统支持以太网与 Wi-Fi 无线连接,因此,可通过联网的任何一台电脑来控制 NAO 或为其编程。通过红外信号,不同的 NAO 机器人之间可相互交流。

5.2 机器人的概念内涵

在中国,"机器人"最早以自动机械装置或人偶的形式出现。在西方,"机器人"一开始被称为自动机(automation)或自行控制机器(self-operating machine),机器人的形象和"机器人"一词一样,最早出现在科幻和文学作品中。1920 年,捷克作家卡尔·恰佩克(Karel Capek)发表了他的剧本《罗萨姆的万能机器人》,剧中叙述了一个名叫罗萨姆的公司把机器人作为人类生产的工业品推向市场,让它充当劳动力代替人类劳动的故事。该剧中的机器人起初并没有情感,只能按照主人的命令从事繁重的劳动。后来,罗萨姆公司让机器人拥有了感情,恰佩克在剧本中将捷克文"robota"(原意为"劳役、苦工")和波兰文"robotnik"(原意为"工人")合成,创造出"robot"(机器人)这个词。1942 年,美国科幻作家艾萨克·阿西莫夫(Isaac Asimov)发表了一篇名为《环舞》的短篇小说,其中提出了"机器人三定律"(或称"机器人学的三大法则"):①机器人不得伤害人类,或目睹人类受到伤害而不管;②机器人必须服从人类的命令,除非这些命令与第一法则相冲突;③在不违背第一及第二法则下,机器人必须保护自己。机器人三定律的现实意义是,它作为学术界默认的研发原则获得了很多人工智能和机器人领域技术专家的认同,随着技术的发展,机器人三定律甚至可能成为未来机器人研发的安全准则。

那么现实中机器人的定义到底是什么呢?在科技界,科学家通常会给每一个科技术语一个明确的定义,机器人问世至今已有近百年,但科学家对机器人的定义仍然没有形成统一的意见。例如,美国机器人工业协会的定义是:机器人是一种用于移动各种材料、零件、工具或专用装置的、通过程序动作来执行各种任务并具有编程能力的操作机械。英国《牛津简明英语词典》中的定义为:机器人是貌似人的自动机,具有智力并顺从于人,但不具有人格的机器。日本工业机器人协会的定义是:一种有记忆并带有末端执行装置的通用机器,能够通过各种移动来代替人类劳动。日本机器人学者森政弘与合田周平提出的定义为:机器人是一种具有移动性、个体性、智能性、通用性、半机器半人性、自动性和奴隶性 7 个特征的柔性机器。日本著名机器人专家加藤一郎提出:机器人应具有"脑、手、脚等三要素""非接触传感器(用眼接收远方信息)和接触传感器""平衡觉和固有觉的传感器"这三个条件。美国国家标准局的定义是:机器人是一种能够进行编程并在自动控制下执行某种操作和移动作业任务的机械装备。国际标准化组织的定义是:机器人是一种自动的、位置可控的、具有编程能力的多功能操作机,这种操作机具有几个轴,能够借助可编程操作来处理各种材料、零件、工具和专用装置,以执行各种任务。

中国机器人学者周远清教授综合了国外机器人专家的定义后,指出机器人应具有以下特点:机器人的动作机构具有类似于人或其他生物体某些器官的功能,机器人具有通用性,工作种类多样,动作程序灵活易变;机器人具有不同程度的智能性,如记忆、感知、推理、决策和学习等；机器人具有独立性，完整的机器人系统在工作中可以不依赖于人的干预。如果不刻意追求严格定义，那么可以认为：机器人是一种具有拟人功能的、可编程的、自动化的机械电子装置。

目前，关于机器人的定义仍是仁者见仁、智者见智，原因之一在于机器人一直在发展，新机型、新功能不断涌现，根本原因却是，机器人涉及"人"的概念，遂成了一个难以回答的哲学问题。就像"机器人"一词最早诞生于科幻小说一样，人们对机器人充满了幻想，也正是机器人模糊的定义，给人们带来了充分的想象和创造空间。

5.3　机器人发展的历史概要

中国记载最早的自动机械装置出现在春秋后期，据《墨经》记载，我国著名的木匠鲁班曾制造过一只木鸟，能在空中飞行。东汉时期，发明家张衡不但创造了能监测地震的候风地动仪，改进了能指示星辰运行的浑天仪，还制造了可测量路程的"记里鼓车"，车上装有木人、鼓和钟，每走一里，击鼓一次，每走十里，敲钟一次。三国时期，蜀汉丞相诸葛亮为北伐中原而发明的"木牛流马"，可以运送军需物资，是最早的陆地军用机器人。和诸葛亮同时代的马钧，发明了指南车，是一种指示方向的装置，由齿轮系统构成，不管向何方行驶，车上所立木头人的手永远指向南方，据考证，该装置的最早发明时间是在公元235年，但记载比较简略，直至宋代才有完整的资料。

14—17世纪，发源于意大利的文艺复兴运动为欧洲带来了一场科学与艺术革命，当时涌现了一批著名的科学家与艺术家。达·芬奇是其中杰出的一位。作为画家，他为后人留下了《蒙娜丽莎》等不朽名作，同时他还是一位发明家，设计出了机器人、机械车等超越时代的装置。达·芬奇设计的机器人，以木头、金属、皮革为外壳，以齿轮为驱动装置，可坐可立，头部会转动，胳膊能挥舞。1662年，日本的竹田近江利用钟表技术发明了自动机器玩偶，并在大阪的道顿堀演出。1738年，法国的天才技师杰克·戴·瓦克逊发明了一只机器鸭，它会嘎嘎叫，会游泳和喝水，还会进食和排泄。

19世纪中叶以后，欧美主要国家完成了工业革命，科技与生产力得到空前发展，新理论、新思维层出不穷，新技术、新发明也不断问世。1893年，摩尔设计制造了能行走的机器人"安德罗丁"，该机器人靠蒸汽驱动双腿沿圆周走动，因此也被称为"蒸汽人"。1898年，尼古拉·特斯拉在纽约麦迪逊广场花园向观众演示了一项名为"Tele-Automation"（远程自动化）的新发明，即一艘无线电遥控船。

近代机器人研究始于20世纪中期，并先后产生三代机器人。第一代机器人是遥控操作机器人，它不能离开人的控制独自运动；第二代机器人是按事先编好的程序对机器人进行控制，使其自动重复完成某种方式的操作；第三代机器人是智能机器人，它利用各种传感器、测量器等装置来获取环境信息，然后利用智能技术进行识别、理解、推理，最后作出规划决策，能自主行动并实现预定目标。1954年，乔治·戴沃尔（George Devol）制造出世界上第一台可编程机器人并申请了工业机器人专利，这种机器人机械手能按照不同的程序从事不同的工作，因此具有通用性和灵活性。虽然该专利直到1961年才获批，但基于以前的专利，戴沃尔和被誉为"机器人之父"的美国人约瑟夫·恩盖尔柏格（Joseph Engelberger）在1958年合作创建了世界上第一家机器人公司——Unimation(Universal Automation)，并于1959年生产出第一台工业机器人，开创了机器人发展的新纪元。1962年，Unimation公司第一批机器人Unimate问世，它是由计算机控制手臂动作的液压驱动机器人。同年，美国机械与铸造公司(American Machine and Foundry, AMF)研制出了Verstran机器人，其同样采用液压驱动，手臂可以绕底座回转，沿垂直方向升降，也可以沿半径方向伸缩，主要用于机器之间的物料运输。Unimate和Verstran都是世界上最早的工业机器人。

20世纪70年代，随着计算机技术、现代控制技术、传感技术、人工智能技术的进步，机器人技术得到了迅速发展。1970年4月，在美国伊利诺伊大学召开了全美第一届工业机器人会议，此时，美国已经有200余台工业机器人工作在自动化生产线上。1973年，德国KUKA公司第一个六电机轴驱动的工业机器人Famulus下线。1974年，美国辛辛那提·米拉克龙(Cincinnati Milacron)公司成功开发出多关节机器人。同年，发那科(FANUC)工厂开始开发并组装工业机器人。1978年，Unimation公司推出可编程的通用机械装配机器人，该机器人有六个自由度，由直流伺服电动机驱动转动关节。1979年，该公司又推出了PU-MA机器人，它是一种采用VAL专用语言的多关节全电动驱动、多CPU二级控制机器人，可配视觉、触觉、力觉传感器，在当时是一种技术先进的工业机器人。现在的机器人结构大体上以此为基础。1979年，日本山梨大学的牧野洋发明了选择顺应性装配机械手臂(SCARA)，这是一种圆柱坐标型特殊类型的工业机器人。该机器人有三个旋转关节，轴线相互平行，在平面内进行定位和定向，另有一个移动关节，用于完成末端件在垂直于平面方向上的运动，因此共有四个轴和四个运动自由度，包括沿X、Y、Z方向的平移和绕Z轴的旋转自由度。SCARA系统在X、Y方向上具有顺从性，而在Z轴方向上具有良好的刚度，因此其特别适合于装配工作，例如将一个圆头针插入一个圆孔，故SCARA系统首先大量用于装配印刷电路板和电子零部件。SCARA系统的另一个特点是其串接的两杆结构类似于人的手臂，可以伸进有限空间中作业后收回，适合于搬动和取放物件。

1998年，日本本田公司推出了步行机器人P3。1999年，日本索尼公司推出了"爱宝"(AIBO)机器狗，AIBO是artificial intelligence robot(人工智能机器人)的缩写。2000年，日本本田技研工业开发出阿西莫(advanced step in innovative mobility, ASIMO)人形机器人，阿西莫是高级步行创新移动机器人的简称。到2011年为止，其全身可动关节由34处增加为57处，体重由54公斤减少为48公斤，跑步速度由6公里/时提高到9公里/时，并且可以同时与多人对话；当遇到其他正在行动中的人时，会预测对方行进方向及速度，自行预先计算替代路线以免与对方相撞；ASIMO不仅可以步行、奔跑、倒退，还可以单脚跳跃、双脚跳跃，甚至能边跳跃边变换方向，也可以在些微不平的地面行走；它的手部可扭开水瓶、握住纸杯、倒水，手指动作精细，甚至可以边说话边以手语表现说话内容。2012年最新版的ASIMO，除了能够行走并展现各种人类肢体动作之外，更具备人工智能，可以预先设定动作，还能依据人类的声音、手势等指令做出相应动作，此外，还具备基本的记忆与辨识能力。2007年10月，日本TOMY公司推出迷你型爱索宝(i-SOBOT)人形机器人，该机器人配备17个定制开发的伺服电机、19个集成芯片、1个嵌入式陀螺仪感应器、两个发光二极管，其语音命令识别系统可以讲出或响应上千单词、短语的指令，具有90多种音效模式，并能唱5首歌，被吉尼斯世界纪录认证为世界最小的、双脚可行走的、具有人类特征的机器人。

虽然机器人并非诞生在日本，但日本在机器人产品的开发和应用方面走在世界前列，甚至处于主导地位,特别是在工业机器人领域。日本机器人的发展经历了20世纪60年代的摇摆期、70年代的实用化时期以及80年代的普及提高期三个阶段。1967年,日本东京机械贸易公司首次从美国AMF公司引进Verstran机器人。1968年,日本川崎重工与美国Unimation公司签署国际技术合作协议,从美国引进Unimate机器人,并于1970年实现国产化,从此日本进入了开发和应用机器人的新时代。据统计,20世纪70年代日本生产的机器人数量就远远超过当时的美国。1980年,机器人技术在日本取得了极大的成功并得到普及,所以1980年被日本人称为“日本的机器人元年”。截至1983年,美国从日本进口的机器人数量占美国进口机器人总数的78%。至1990年,日本机器人行业产值达到520亿日元。1991年,一项着眼于医学应用和特色产业的微型机器人计划开始实施,这项1.8亿美元预算的项目持续了10年。除了大量出口外,日本自身也是工业机器人最大的消费国,2004年日本国内新安装的工业机器人为33200台,2007年新安装了41300台,安装总量达到了350000台。日本在汽车、电子等制造行业大量使用机器人,使日本汽车及电子产品产量猛增,质量日益提高,但制造成本大幅降低,从而使日本生产的汽车能够以绝对优势进军号称“汽车王国”的美国市场,并且向美国这个机器人诞生国出口日本产的实用型机器人。与此同时,日本价廉物美的家用电器产品也充斥了国际市场。目前,日本的机器人工程呈现出多样化发展的态势,出现了诸如计算机网络机器人、可编程机器人、工业服务机器人和多个合作机器人间的沟通等新概念。根据国际机器人联合会(International Federation of Robotics,IFR)2017年的统计,2016年日本机器人生产能力已达到153000台,作为世界主要的工业机器人制造商,日本的工业机器人制造商占据了全球供应量的52%。2022年3月10日,IFR发布的结果显示,日本依然是全球最大的工业机器人制造国,来自日本制造商的机器人占全球总量的45%。

中国的机器人技术起步较晚,始于20世纪80年代中期,当时主要用于喷涂、焊接和物料搬运领域。此后,政府出台了多项政策、措施加速机器人产业的发展,首先从源头上支持资助研究机构开发最新的机器人设备。1986年我国在国家高技术研究发展计划(“863计划”)中把智能机器人列为对中国未来经济和社会发展有重大影响的主题项目之一,研究目标是跟踪世界先进水平;“七五”国家科技攻关计划重点发展工业机器人,包括弧焊、点焊、喷涂、上下料搬运等机器人及水下机器人;1989年,完全由中国自主研发的第一个汽车自动涂装生产线建立,同时,中国自主生产的移动机器人应用到了柔性制造系统(FMS)中。截至1994年,我国共有超过20条机器人制造生产线,开发了超过200种的制造机器人,且开发的喷涂机器人(PJ-1)使用率达到了50%。

21世纪初期,我国已研制出10余种具有自主知识产权的工业机器人系列产品,部分已进入批量生产,并开发了100多种特种机器人,建立了10余个机器人研发中心和20多个机器人产业化基地。我国研制的“全光学生物微操作系统”能够通过光来完成对生物细胞和其他微小粒子的微加工。在工程机械中,我国相继完成了无人驾驶振动式压路机、隧道凿岩机、大型喷浆机、机器人装载机等机器人工程机械的研究和应用。另外,我国在研制出移动机器人及爬壁机器人以后,又根据市场需求开发出排爆机器人、清洗机器人、多种口径的管道机器人、医疗辅助机器人、足球机器人等新产品。此外,搬运机器人、扫地机器人、仿人机器人、手术机器人等也都在现代社会得到越来越广泛的应用。

5.4 机器人的工作原理及分类

机器人技术是一门跨学科的综合性技术,其研究、开发和应用涉及刚体动力学、机构学、机械设计、传感技术、电气液压驱动、控制工程、智能控制、计算机科学技术、人工智能和仿生学等学科。机器人至少应由两部分系统组成:控制系统和直接进行工作系统。机器人控制系统的基本构成如图 5-3 所示,它是由计算机硬件及软件、I/O 设备、驱动器、传感器等构成的。计算机是机器人的大脑,传感器是机器人的感觉器官,常用的传感器有视觉、触觉、力/力矩传感器,还有温度、压力、流量、测速传感器等。I/O 设备是人与机器人的交互工具,常用的有 CRT(cathode ray tube,阴极射线管)显示器、键盘、示教盒、打印机、网络接口等。

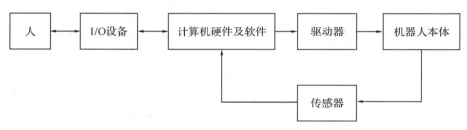

图 5-3　机器人控制系统的基本构成

机器人可以根据不同的标准分成很多类型。按用途来划分,可以分为工业机器人、服务机器人和教育机器人(见图 5-4)。按领域来划分,可以分为农业机器人、医疗机器人、海洋机器人、军用机器人、太空机器人、管道机器人、娱乐机器人、微型机器人等。按功能来划分,可以分为普通的程序控制机器人和智能机器人,程序控制机器人按照预先设定的程序发出动作,很多工业机器人都属于这种类型;而智能机器人具有感知、思维和行动功能,是多种学科和高新技术综合集成的产物。

通常认为,智能机器人至少要具备以下三个要素:一是感觉要素,用来感知周围环境状态。包括能感知视觉、距离的非接触型传感器和能感知力觉、压觉、触觉的接触型传感器,实际上相当于人的眼、鼻、耳等五官功能,可以利用诸如摄像机、图像传感器、超声波传感器、激光器、导电橡胶、压电元件、气动元件、行程开关等机电元器件来实现。二是运动要素,能够对外界做出反应性动作。智能机器人需要一个无轨道型移动机构,以适应诸如平地、台阶、墙壁、楼梯、坡道等不同的地理环境,功能可以借助轮子、履带、支脚、吸盘、气垫等移动机构来实现,在运动过程中要对移动机构进行实时控制,这种控制不仅包括位置控制,还有力度控制、位置与力度混合控制及伸缩率控制等。三是思考要素,根据感觉要素所得到的信息,思考采用什么样的动作。智能机器人的思考要素是三个要素中的关键,这种判断、逻辑分析、理解等智力活动实质上是一个信息处理过程,而计算机则是完成这个处理过程的主要手段。从某种意义上讲,智能机器人技术水平的高低反映了一个国家综合技术实力的高低。

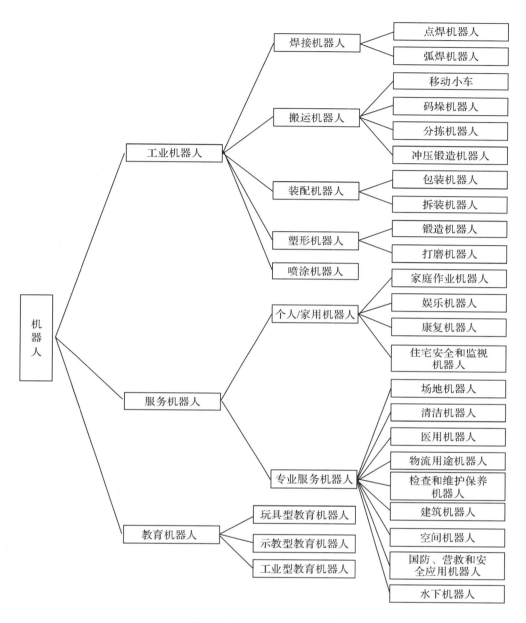

图 5-4 机器人的常见类型

5.5 工业机器人

工业机器人是机电一体化的典型生产自动化装置,能够在工业生产线中自动完成焊接(点焊、弧焊)、搬运(移动、码垛、分拣)、装配(包装、拆装)、塑形(切割、研磨)、喷涂等作业,广泛应用于机械加工、汽车制造、摩托车制造、舰船制造、家用电器生产以及钢铁、化工等行业。20 世纪 80 年代以来,工业机器人技术逐渐成熟,并很快得到推广应用。尽管世界上不同机器人厂商都有自己的设计标准,但工业机器人主要的机械结构和控制功能大同小异,相关技术基本稳定成熟,目前使用最广的是多自由度多关节机器人。近年来,工业机器人技术的改进和完善主要体现为其结构不断紧凑、运动速度和定位精度不断提高、通信和网络功能更加强大、应用工艺能力更加丰富、控制的轴数越来越多等,其升级换代周期大致为5年。研制开发工业机器人的初衷是将工人从单调重复、危险恶劣的作业中解脱出来,但近年来,工厂和企业引进工业机器人的主要目的则更多的是提高生产效率和保证产品质量。

工业机器人的基本结构一般包括执行机构、控制系统及位置检测系统(见图5-5)。①执行机构由驱动机构、传动机构、末端操作器以及内传感器等组成,它的任务是保证末端操作器精确地处于所要求的位置,或完成所规定的动作。驱动机构由驱动工业机械手执行机构运动的动力装置、调节装置和辅助装置组成,常用的驱动机构有液压传动、气压传动、机械传动等形式,现代工业机械手的驱动机构大多采用液压传动。②控制系统是机器人的神经中枢,支配着工业机械人按规定的程序运动。它由计算机硬件、软件和一些专用电路构成,其软件包括机器人语言、运动学软件、定位控制软件、自诊断软件、功能软件等,它处理机器人工作过程中的全部信息,并控制其全部动作。工业机械手的控制系统一般由程序控制系统和电气定位系统组成,控制系统有电气控制和射流控制两种,它支配着机械手按规定的程序运动,并记忆人们给予机械手的指令信息,同时按其控制系统的信息对执行机构发出指令,必要时可对机械手的动作进行监视,当动作有错误或发生故障时立即发出报警信号。③位置检测装置主要用于控制机械手执行机构的运动位置,并随时将执行机构的实际位置反馈给控制系统,并与设定的位置进行比较,然后通过控制系统进行调整,从而使执行机构以一定的精度达到设定位置。

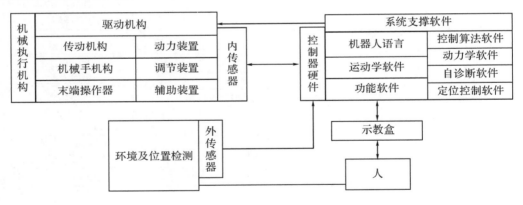

图5-5　工业机器人的基本结构

工业机器人是为工业生产而设计的,随着工业生产日趋向柔性自动化方向发展,工业机器人已成为现代工业的重要组成部分,其生产与销售量持续增长,功能越来越强,应用范围越来越广,为了适应不同的生产应用需要,类型也越来越多样。整体看,工业机器人的主要优点如下:

(1)能在各种生产和工作环境中持久地从事单调重复、高强度的劳动。

(2)对工作环境有很强的适应能力,能代替人在有害和危险场所从事工作。

(3)动作准确性高,可保证产品质量的稳定性。

(4)具有广泛的通用性和独特的柔性,比一般自动化设备有更广的用途,既能满足大批量生产的需要,也可以通过软件调整等手段加工多种零件,灵活、迅速地实现多品种、小批量的生产。

(5)能显著地提高生产率,大幅度降低产品成本。

根据功能不同,工业机器人大致可以分为焊接机器人、塑形机器人、装配机器人、搬运机器人、喷涂机器人五大类(见图 5-6)。

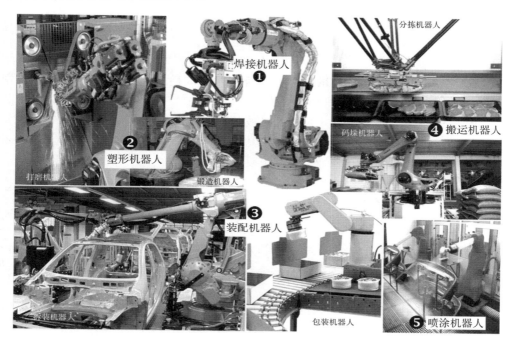

图 5-6　工业机器人的分类

5.5.1　焊接机器人

焊接机器人是工业机器人中应用最为广泛的一种类型,主要用于汽车制造业,包括点焊和弧焊两种方式。点焊技术对点与点之间的移动轨迹没有严格要求,因而发明得更早。1965 年,美国 Unimation 公司就推出了世界上第一台点焊机器人,我国也在 1987 年自行研制出第一台点焊机器人。点焊机器人主要由机器人本体、计算机控制系统和点焊焊接系统组成,对灵活性的要求比较高,通常要具有腰转、大臂转、小臂转、腕转、腕摆、腕捻 6 个自由度。现有的点焊机器人的驱动方式有液压驱动和电气驱动两种,其中电气驱动因具有保养维修简便、能耗低、速度快、精度高、安全性好等优点而被广泛采用。

弧焊机器人由控制盘、机器人本体、自动送丝装置、焊接电源构成,能够遵从计算机的指令实现连续轨迹控制和点位控制,完成焊接任务。其组成和原理与点焊机器人基本相同,但焊丝端头的运动轨迹、焊枪姿态、焊接参数都要求精确控制。此外,弧焊机器人还可以焊接由直线及圆弧所组成的空间焊缝,完成更复杂的焊接任务。由于弧焊机器人具有焊接效率高、质量好、稳定性强、工作持久等优势,已被广泛应用于工业生产。20 世纪 80 年代中期,我国研制出了第一台弧焊机器人——华宇-Ⅰ型弧焊机器人。

5.5.2　搬运机器人

搬运机器人是指可以进行自动化搬运作业的工业机器人,其结构、性能兼具人和机器的双重优势,尤其体现了人工智能和适应性,能通过编程完成各种预期任务,虽然对精度的要求相对低一些,但负荷比较大,运动速度比较高,多用于工厂中一些工序的上下料作业、拆垛和码垛作业等。搬运机器人操作机(即机器人本体)多采用点焊或弧焊机器人结构,有的也采用框架式和直角坐标式结构。搬运机器人中有一类码垛机器人,主要用于产品装卸,或者将包装好的产品从生产线上运下来堆码在推盘上。常见的码垛机器人包含压平输送机、缓停输送机、转位输送机、托盘仓、托盘输送机、编组机、推袋装置、码垛装置等部件,具有结构简单、占地面积小、适用性强、能耗低等优势,目前已大量应用于医药、石化、食品、农业、制造业等领域。分拣机器人也是搬运机器人中的一种,是指按照预先设定的分类规则对物品进行分拣,再将分拣出的物品送到指定位置的机械装置,常见的分拣机器人由控制装置、分类装置、输送装置及分拣道口组成。分拣机器人具有能持续高负荷工作、分拣误差率低、工作人员少等优势,已经大量应用于农业、物流、邮政等领域。

5.5.3　装配机器人

装配机器人主要用于电器制造行业,是现代制造业的核心设备。现有的装配机器人主要包括包装和拆装两大类。包装机器人是指能够自动完成产品包装全过程的机械装置,广泛应用于各类产品的包装,既能提高包装效率和质量,又能完成一些手工包装无法完成的包装任务,如真空包装、充气包装、等压灌装等。拆装机器人是自动化生产线上的关键设备,主要由机器人本体、控制器、末端执行器和传感器四部分组成,应用于小电器、小型电机、玩具、计算机制造等领域,具有精度高、柔顺性好、工作范围小、能与其他系统配套使用等特点。

5.5.4　塑形机器人

塑形机器人是指用于零部件外形塑造和加工的自动化设备,已经大量应用于航空航天、消费电子、机械加工、陶瓷加工等领域,常见的塑形机器人主要有打磨机器人和锻造机器人两类。打磨机器人主要由机器人本体、示教盒、控制柜、打磨机具、压力传感器和抓手等设备构成。用户可以根据被加工零部件的光洁度要求配置不同的打磨机和磨头。打磨机器人通过示教或离线编程的方式控制打磨工具的位置、角度,完成各类工件的打磨、抛光、去毛刺等任务。现有机器人打磨方式主要有两种:一种是工具主动型打磨,即打磨对象固定不动,由机器人末端执行器夹持打磨工具进行打磨;另一种是工件主动型打磨,即机具设备固定不动,机器人末端执行器打磨对象贴近打磨工具实现加工。而锻造机器人是指用来代替工人完成上料、翻转、下料等高危险、高强度、简单重复的锻造工序的机器人。当前,我国许多锻造企业主要靠人力完成生产任务,生产效率较低,产品质量也不稳定,锻造机器人的应用能有效降低工人劳动强度并提高生产自动化程度和生产效率。

5.5.5　喷涂机器人

喷涂机器人又叫喷漆机器人,是指可以进行自动喷漆或喷涂其他涂料的工业机器人,主要由机器人本体、控制系统、喷枪、油箱等部件组成。由于这种机器人对灵活性的要求比较高,因而多采用 5 个或 6 个自由度关节式结构,腕部一般也采用 2 个或 3 个自由度结构。喷涂机器人具备工作范围大、喷涂质量稳定、涂料利用率高、易于操作和维护等优点,已经广泛应用于汽车、仪表、电器等制造行业。由于涂料是易燃易爆品,喷涂机器人一般采用液压驱动。

5.6　形形色色的服务机器人

服务机器人是一种能够为人类提供服务的半自主或全自主机器人,它是机器人家族中的年轻成员,同时也是应用前景最为广阔的一类机器人。近几年,服务机器人已经不断向家庭服务、娱乐休闲、医药卫生、公共服务等领域渗透。一般把下列机器人定义为服务机器人:清洁机器人,家庭作业机器人,娱乐机器人,医用机器人,康复机器人,住宅安全和监视机器人,建筑机器人,国防、营救和安全应用机器人,场地机器人等。服务机器人的应用范围很广,主要从事维护保养、修理、运输、清洗、救援、监护等工作。智能化是服务机器人未来发展的主要方向,人们在智能化方面进行了各种各样的探索,最先进的智能化技术已经可以让机器人在综合智能方面达到人类 3 岁左右婴儿的智力水平,某些单项智能则可以接近甚至超过人类,如 2016 年 3 月机器人 Alpha Go 大战世界围棋名将李世石并获胜。但是要进一步提高机器人的综合智能水平,向人类看齐,仍然是一个巨大的挑战。下面介绍几种典型的服务机器人。

5.6.1　清洁机器人

清洁机器人包括地面真空吸尘机器人、地面清扫机器人、壁面清洁机器人、泳池清洁机器人和一些特种清洁机器人,可进行各种场合的清洁工作。这方面的研究从 20 世纪 80 年代开始引起人们的关注。随着城市现代化发展,一座座高楼拔地而起,为了美观,也为了得到更好的采光效果,很多写字楼和宾馆都采用玻璃幕墙,这就带来了玻璃窗的清洗问题。其实不光是玻璃窗,其他材料的壁面也需要定期清洗。目前,一些办公楼、工厂、车站、机场等场所的清扫工作已开始使用清洁机器人。例如,北京航空航天大学机器人研究所与铁路部门合作为北京西客站开发了一台玻璃顶棚清洗机器人,由机器人本体和地面支援机器人小车两大部分组成。机器人本体是沿着玻璃壁面爬行并完成擦洗动作的主体,重 25 公斤,它可以根据实际环境灵活自如地行走和擦洗,并且具有很高的可靠性。地面支援小车属于配套设备,在机器人工作时负责为机器人供电、供气、供水及回收污水,它与机器人之间通过管路连接。图 5-7 为一种清洗玻璃幕墙的机器人。

另外,还有一些性价比高的清洁机器人逐步进入了家庭。美国的 Roomba 扫地机

图 5-7　清洁机器人

器人是一种智能的家庭清洁工具,具有防缠绕、防跌落、定时清扫、记忆房间布局等智能特性。Roomba 扫地机器人使用的 iAdapt 技术,是一个由软件和感应器组成的专利系统,iAdapt 让 Roomba 扫地机器人主动对清扫环境进行检测,每秒钟思考次数超过 60 次,并且能够以 40 种不同的动作进行反应,以便彻底清扫房间。

5.6.2 医用机器人

医用机器人是一种智能型服务机器人,结合了机器人技术、计算机网络控制技术、数字图像处理技术、虚拟现实技术和医疗外科技术,用于医院、诊所或辅助医疗。它能依据实际情况确定动作程序,然后把动作变为操作机构的运动。医用机器人种类很多,按照其用途不同,分为临床医疗用机器人、护理机器人、医用教学机器人和残疾人服务机器人等。医用机器人技术已经成为机器人领域的一个研究热点。目前,先进机器人技术主要应用于外科手术规划模拟、微损伤精确定位操作、无损伤诊断与检测、新型手术治疗方法等方面,这不仅带来了传统医学的革命,也推动了新技术、新理论的发展。利用医用机器人,外科医生在手术中可以远离手术台,在操作控制台握住手柄同步控制患者体内的机械臂手术器械来进行手术操作,这完全不同于直接将器械深入患者体内进行手术的传统概念,给外科领域带来了革命性的突破。从 20 世纪 90 年代起,国际机器人联合会定期发布年度《世界机器人报告》,分析机器人产业数据并预测发展趋势,美国国防部高级研究计划局立项开展基于遥控操作机器人的研究,用于战伤模拟手术、手术培训、解剖教学,欧盟、法国国家科学研究中心也将机器人辅助外科手术及虚拟外科手术仿真系统作为重点研究项目之一。

1996 年初,美国 Computer Motion 公司利用研制机器人积累的经验和关键技术推出了宙斯(Zeus)机器人外科手术系统,用于微创伤手术。这个系统让外科医生突破了传统微创伤手术的界限,将手术精度和水平提升到新的高度,大大降低了手术创伤、手术费用和病人的痛苦,缩短了康复时间,同时也减轻了医生的劳动强度。宙斯系统采用主从遥操作技术,分为两个子系统,即手术医生侧(surgeon-side)系统和病人侧(patient-side)系统,手术医生侧系统由一对主手和监视器构成,医生可以坐着操纵主手手柄,并通过控制台上的显示器观看由内窥镜拍摄的患者体内情况;病人侧(patient-side)系统则由用于定位的两个机器人手臂和一个控制内窥镜位置的机器人手臂组成。病人侧系统中从手的每个手臂具有 6+1 个自由度,其中 6 个自由度用于姿态调整,另外 1 个用于位置优化,在 6 个姿态控制自由度中,4 个由电动机驱动,另外 2 个无动力。医生可以利用宙斯系统在舒适的工作环境中操纵主手,并通过监视器实时监视手术进程。在手术位置,从手忠实地模拟并按比例缩放医生用主手操作的动作,以精确地实施手术。

1999 年美国 Intuitive Surgical 公司的达·芬奇手术机器人系统通过了欧洲 CE 认证,并于次年获得美国食品药品监督管理局(Food and Drug Administrain,FDA)批准。在经过若干年的专利纠纷后,2003 年,Computer Motion 公司和 Intuitive Surgical 公司宣告合并,达·芬奇成了市场上唯一得到 FDA 认证的外科手术机器人产品(见图 5-8)。作为医用机器人成功的典范,目前达·芬奇手术机器人已经发展到了第四代,其主要由三个部分组成:控制系统、操作系统、影像显示系统。医生操作控制台是手术机器人的控制中心,位于手术室无菌区之外。主刀医生坐在控制台中,使用双手及双脚来控制器械和一个三维高清内窥镜。控制系统的运动比例缩放功能将医生手部的自然颤抖或无意移动减弱到最低程度,

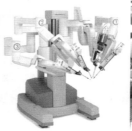

图 5-8　达·芬奇手术机器人

从而进一步提高手术操作的精准程度。操作系统的主要功能是为器械臂和摄像臂提供支撑，助手医生在无菌区的床旁机械臂系统边工作，负责更换器械和内窥镜并协助主刀医生完成手术。成像系统内装有外科手术机器人的核心处理器及图像处理设备，它能向主刀医生提供患者体腔内的三维立体高清图像，较普通腹腔镜手术，主刀医生更容易把握操作距离和辨认解剖结构，提升了手术精确性。

　　经过近 30 年的努力，医用机器人已经在脑神经外科、心脏修复、胆囊摘除、人工关节置换、整形外科、泌尿科手术等领域得到了广泛的应用，在提高手术效果和精度的同时，还不断开创新的技术，并向其他领域扩展。2007 至 2013 年间，美国有约 170 万名病人进行了机器人手术，北欧国家有一半以上的前列腺手术由机器人完成。无论人们相信与否，在越来越多的医院，复杂手术的重担正逐步落到这些机器人身上。

5.6.3　康复机器人

　　康复机器人主要用于康复领域的助残和老人看护，包括康复机械手、智能轮椅、假肢和康复治疗机器人等。机械手和假肢是康复机器人领域的研究热点，机械手必须具有足够的自由度以满足每个用户的需要，一般呈现两种结构：第一种是结构化控制台，类似于桌面工作台，将机械手安装在固定的控制平台上完成操作；第二种是将机械手安装在轮椅上，这样可以在任何地域使用，但这种结构会导致机械手刚性下降，且抓取精度达不到要求。德国卡尔斯鲁厄理工学院应用计算机科学研究中心的舒尔茨（Schulz）等人研制了一种仿人机械手，在灵巧操作假手的实用化道路上迈出了重要的一步。这种机械手的形状和尺寸大小与一名成年男子的手相似，共有 5 个手指，13 个独立自由度，每个活动关节都装有 1 个驱动装置，能实现包括腕关节在内的多关节控制。

　　轮椅式下肢是失去行走能力的老年人和残疾人的主要交通工具。目前，各类传感器和高效的信息处理技术在轮椅上的应用，使轮椅成为高度自动化的智能移动机器人。意大利的公司开发了一种结合轮椅与小车结构的智能轮椅，它不仅能在平地上行走，还可以上下楼梯。日本东京大学的田智前（Tachi）教授开发了一种移动式康复机器人 MELDOG 作为"导盲犬"。意大利圣安娜高等研究学院实验室在 URMAD 系统的基础上开发了 MOVAID 系统，该系统由若干个位于室内主要工作区域（如厨房和卧室）的固定工作站和一个可以在室内自由避障的移动机器人组成，操作者可以通过工作站的实时图形界面来监控和干预机器人的动作。

各种先进的机器人技术广泛应用到康复领域是康复机器人发展最直接的推动力,轻型臂和灵巧手具有良好的灵活性、柔顺性和动态响应特性,可以极大地提高康复机械手和假肢的操作能力和控制水平。先进的传感技术、导航技术和避障技术等也已经开始应用于康复领域,诞生了移动式护理机器人、智能轮椅等。然而,由于康复机器人的服务对象是残疾人和老年人,即使包含了先进的传感器和动力系统,这些用户也可能无法对外界信息作出反应,因此,方便这些特殊用户操作且功能全面的控制界面、有效的控制策略,以及家庭和单位之间的交互设备是康复机器人的研究重点。

5.6.4 娱乐机器人

图 5-9 形象逼真的人形机器人

人形机器人是娱乐机器人的典型代表,它集光、机、电、材料、计算机、传感器、控制等技术于一体,是一个国家高科技实力和发展水平的重要标志。日本、美国、英国、德国等都在人形机器人的研究方面做了大量工作,并已取得突破性的进展,除了前面提到的"ASIMO"外,还出现了形态各异、大小和功能不一的多种人形机器人。在日本举办的2005年世界机器人博览会上,日本展出了其尖端科技成就,其中,形形色色的机器人使参观者大开眼界。在博览会各个大门口和咨询处的机器人接待员几乎可以"以假乱真"。图 5-9 是东大门的机器人接待员 Actroid,Actroid 通晓中、英、日、韩语言中的 4 万个短句,拥有逼真的眼球及睫毛,说话时双唇会开合,还具有面部表情,能回答超过 2000 个问题。当被问及一些私人的敏感问题时,Actroid 可能会拒绝回答,双手交叉于胸前并向来宾鞠躬。这些接待员给世界各地的宾客留下了深刻的印象。该博览会展出的人形机器人中,日本大阪大学石黑浩教授制作的 Repliee 是拟人程度最高的机器人。Repliee 的原型是日本卫视的新闻女主播藤井雅子,她的骨架由金属构成,皮肤由厚5mm 的硅胶和聚氨酯材料构成,肤质柔滑,色泽自然,这个机器人的外貌几乎和藤井雅子一模一样。不过,外表像人只是拟人的一个方面,为了使 Repliee 的动作流畅自然,石黑浩给它安装了 42 个能安静运行的小型伺服驱动装置,Repliee 的皮肤上有压电传感器,能对触摸作出反应,并利用摄像机探测人的面容和姿势,通过传声器接收人的讲话信息,通过地板传感器跟踪人的移动,她和人说话时面部表情丰富,并会做出一些简单的动作。

10 年后在北京举办的 2015 年世界机器人博览会上,石黑浩打造的类人机器人 Geminoid F 再次引来了大家的围观。机器人 Geminoid F 的原型是日俄混血女模特,F 代表女性(female)。她"出生"在 2010 年,会做出眨眼、微笑、皱眉等 65 种面部表情,皮肤由柔软的硅胶制成,自然逼真,硅树脂身体里隐藏了各种机械电子元件,包括 15 个传感器和电动机、12 个马达以及多个空气伺服式阀门和气泵,使其能像真人一样发声、对话、唱歌,说话的时候胸脯随着呼吸一起一伏,远看几乎与真人无异。

2006 年 11 月 29 日,日本有名的骑车机器人"村田顽童"亮相北京喜来登长城饭店,图 5-10(a)是"村田顽童"在表演骑车。"村田顽童"是著名电子元器件制造厂商村田制作推出的新版智能机器人。早在 1990 年,村田制作就做出了能自行行走、会骑自行车的机器人,当时这个机器人在国际上获得了广泛的关注和很高的评价。经过 10 多年的不懈努力,村田制作为"村田顽童"配备了新的电子控制器件,并大幅度扩充了各种功能,增加了行走坡道和S 形平衡木、倒车行走、检测和躲避障碍物、进入车库等多种功能,并配备无线通信装置,还可以用手机对其进行遥控操作。2011 年,浙江大学智能系统与控制研究所机器人实验室研制出两台会打乒乓球的机器人——"悟"和"空"[见图 5-10(b)],这两台机器人身高 1.6 米,体重 55 千克,全身有 30 个关节,手臂能做 7 个自由度的动作。"悟"和"空"不但能对打乒乓球,还能与人赛上几局。

(a)"村田顽童"在进行爬坡表演   (b)"悟"和"空"机器人

图 5-10 复杂动作操控机器人

5.6.5 水下机器人

海洋占地球表面积的 71%,海洋蕴藏着极其丰富的生物资源及矿产资源。在 6000 米以下的海洋底部仍有生命存在,这种生活在极端条件下的生命,格外受到生物学家的重视。海洋底部沉积着极为丰富的多金属结核,铜、锰、镍、钴含量最高。海洋是一个无比巨大的能源库,海底储存着丰富的石油和天然气。因此,海底的探测具有极强的吸引力,同时也具有极高的挑战性。众所周知,海底世界不仅压力非常大,而且伸手不见五指,环境非常恶劣。不论是沉船打捞、海上救生、光缆铺设,还是资源勘探和开采,一般的设备都很难完成,于是人们将目光集中到了机器人身上,希望通过水下机器人来解开海洋之谜,为人类开拓更广阔的生存空间。

水下机器人也称为无人潜水器(unmanned underwater vehicles),准确地说,它不是人们通常想象的具有人形的机器,而是一种可以在水下代替人完成某种任务的装置,其外形更像一艘潜艇,适合于长时间、大范围的水下作业。按照无人潜水器与水面支持设备(母船或平台)间联系方式的不同,水下机器人可以分为两大类:一类是有缆遥控水下机器人,习惯上称为水下遥控运载体(remotely operated vehicle,ROV),由母船通过电缆向 ROV 提供动力,人可以在母船上对 ROV 进行遥控;另一类是无缆水下机器人,习惯上称它为水下自主式无人运载体(autonomous underwater vehicle,AUV),AUV 自带能源,依靠自治能力来管理和控制自己以完成人赋予的使命。

在海洋中,每下潜 100 米增加约 1MPa(约 10 个大气压)压力,这就要求机器人上的每一个部件都必须能承受这么大的压力而不变形、不损坏。6000 米海洋底部的压力高达60MPa(约 600 个大气压),在这么高的压力下,几毫米厚的钢板容器都会像鸡蛋壳一样被压碎。所以不仅要求浮力材料能承受这么大的压力,还要求它的渗水率极低,以保证其密度不变,否则机器人就会沉入海底。水下作业的机器人必须具有足够的抗压能力和密封性能,才可实现有人或无人操作。

水下机器人的发展已有较久的历史。1960年,美国研制成功了世界上第一台CURV1有缆遥控水下机器人,它与载人潜水器配合,在西班牙外海找到了一颗失落在海底的氢弹,由此引起了极大的轰动,有缆遥控水下机器人技术开始引起人们的重视。20世纪70年代,有缆遥控水下机器人产业已开始形成,有缆遥控水下机器人在海洋研究、近海油气开发、矿物资源调查取样、打捞和军事等领域都获得广泛应用,是使用最广、最经济实用的一类无人潜水器。图5-11(a)为美国CURV3有缆遥控水下机器人,这是在CURV1的基础上不断改进的、功能更完善的有缆遥控水下机器人。20世纪60年代中期,人们开始对无缆水下机器人产生兴趣,但由于技术上的原因,无缆水下机器人的发展徘徊多年。随着信息技术的进步以及海洋工程和军事方面的需要,无缆水下机器人再次引起国外产业界和军方的关注,并于20世纪90年代开始逐步走向成熟。图5-11(b)为美国海军研制的AUSS无缆水下机器人。

(a) 有缆遥控水下机器人   (b) 无缆水下机器人

图5-11　水下机器人

我国在1986年前研制的都是有缆遥控水下机器人,工作深度仅为300米;1986年实施"863"计划后,开始研制无缆水下机器人。1994年"探索者号"无缆水下机器人研制成功,工作深度达到1000米,甩掉了与母船间联系的电缆,实现了从有缆向无缆的飞跃。1995年又研制成功了潜深6000米的CR-01无缆自治水下机器人,使我国机器人的总体技术水平跻身于世界先进行列,成为世界上拥有潜深6000米自治水下机器人的少数国家之一。CR-01是能按预订航线航行的无人无缆水下机器人系统,可以在6000米水下进行摄像、拍照、海底地势与剖面测量、海底沉物目标搜索和观察、水文物理测量和海底多金属结核丰度测量,并能自动记录各种数据及其相应的位置坐标。近20年来,水下机器人在军事及民用领域有了很大的发展。2012年6月我国的"蛟龙"号载人深潜器成功下潜至7020米,意味着中国在深海载人机器人方面成为继美国之后世界上第2个下潜到7000米以下的国家。至2018年,我国的"蛟龙号"载人深潜器下潜最深已达7062米。随着人类对海洋的进一步认识,将来会有更广阔的探索空间。

5.6.6　空间机器人

空间机器人是一种能在航天器、空间站或其他星球上作业的智能机械系统,包括在内层空间飞行并进行观测、可完成多种作业的飞行机器人,到外层空间其他星球上进行探测作业的星球探测机器人和在各种航天器里使用的机器人。它具备感知、推理和决策能力,可以在未知环境下完成多种任务。1981 年,美国航天飞机上的机械臂 RMS 协助宇航员进行舱外活动,标志着空间机器人进入实用阶段。RMS 已在空间站进行过多次轨道飞行器的组装、维修、回收、释放等操作,随后,德国、美国、日本都将各自研制的空间机器人放到太空,并进行了一系列的空间实验。

国际空间站(见图 5-12)是人类的一个航天壮举,借助它,人类正在把对太空的梦想一步步变成现实。在国际空间站上,迫切需要多种先进的空间机器人来协助宇航员完成大型空间结构的搬运和组装,协助完成航天飞机与空间站的对接和分离,以及在轨补充燃料或处理有害物体,完成日常维护、修理和检查任务,并从事其他专项技术加工或操作。在未来的空间活动中,将有大量的空间加工、生产、装配、科学实验和维修等工

图 5-12　国际空间站

作,这些工作不可能仅仅依靠宇航员完成,还必须充分利用空间机器人。空间环境和地面环境差别很大,微重力、高真空、超低温、强辐射、照明差的空间环境对机器人的要求必然与地面不同。首先,要求空间机器人体积小,重量轻,抗干扰能力强。其次,要求空间机器人的智能程度高,功能比较全,能量消耗尽可能少,工作寿命尽可能长。另外,由于工作在太空这一特殊环境中,对机器人的可靠性要求很高。

在星球探测机器人领域,发达国家也已经做了多年的研究和开发尝试,并成功地实现了对月球、火星的多次探测。由于星球上的地理和气候环境复杂,所以要求探测机器人灵活性好、机动性和驱动力强,有较好的爬坡和越障能力,能承受巨大的温差和恶劣的气象条件。为了机器人的安全和便于控制,星球探测机器人的移动速度一般较慢。

美国卡内基梅隆大学机器人研究所研制的 Nomad 机器人[见图 5-13(a)]是一种科学探测实验车,于 1997 年通过了在沙漠上的测试。Nomad 由四轮驱动并导向,采用测距仪、倾斜仪、陀螺仪、惯量计和全球定位系统(global positioning system,GPS)等仪器进行定位,并在车顶的一个面板上有 3 个彩色 CCD 相机。美国喷气推进实验室(Jet Propulsion Laboratory,JPL)的行星表面科学探测漫游车技术在当时代表了这个领域的最高水平。在火星上工作了 3 个月的 Sojourner 火星探测机器人[见图 5-13(b)]就是由 JPL 研制的。Sojourner 是一辆自主式机器人车,同时又可从地面对它进行遥控。该车由太阳能电池阵列供电,有 6 个车轮,每个车轮均独立悬挂,能在各种复杂的地面上行驶,特别是在软沙地上。车的前后均有独立的转向机构,正常驱动功率要求为 10 瓦,最大速度为 0.4 米/秒。Sojourner 的体积小、动作灵活,利用条形激光器和摄像机,它可自主判断前进的道路上是否有障碍物,并作出如何行动的决策。

我国的空间技术和航天工程也取得了举世瞩目的成就。继 2003 年神舟五号飞船、2005 年神舟六号飞船、2007 年嫦娥一号卫星、2010 年嫦娥二号卫星顺利发射成功飞行后,我国的探月工程进展顺利,于 2013 年进行了嫦娥三号卫星和"玉兔号"月球车的月面勘测任务,嫦娥四号是嫦娥三号的备份星,嫦娥五号是中国首个实施无人月面取样返回的月球探测器,月

(a) Nomad机器人

(b) Sojourner火星探测机器人

图 5-13　科学探测机器人

球探测机器人在其中发挥着重要作用。"玉兔号"月球车(见图 5-14)是中国首辆月球车,配备全景相机、红外成像光谱仪、测月雷达、粒子发射 X 射线等科学探测仪器,其设计质量为140 千克,靠太阳能驱动,能够耐受月球表面真空、强辐射等极端环境。

图 5-14　"玉兔号"月球车

5.7　机器人技术的发展趋势和前景

　　机器人自诞生之日起,便显示出强大的生命力。机器人首先在工业生产中得到了广泛应用,并给传统工业带来了质的飞跃,它不仅提高了传统工业的自动化程度和劳动生产率,还促进了以资源消耗低、环境污染少为特征的新型工业的诞生。随着机械工程、电气工程、微电子技术、计算机技术、控制论、传感技术、信息学、声学、仿生学及人工智能等学科的飞速发展,机器人技术的应用向农业、林业、畜牧、养殖、海洋开发、宇宙探索、国防建设、安全救济、生物医学、服务娱乐等新领域拓展,并已取得显著进展,机器人技术已成为高科技应用领域的重要组成部分。毋庸置疑,未来机器人技术必将得到更大的发展,成为各国必争的知识经济制高点和研究热点。

　　当今机器人技术的发展趋势主要有两个突出特点:一个是在横向上,机器人的应用领域在不断扩大,机器人的种类日趋增多;另一个是在纵向上,机器人的性能不断提高,并逐步向智能化方向发展,追求的主要目标是"融入人类的生活,和人类一起协同工作,从事一些人类无法从事的工作,以更大的灵活性给人类社会带来更多的价值"。目前国际机器人界都在加大科研力度,进行机器人共性技术的研究,主要研究内容包括机器人结构的优化设计、机器人控制技术、多传感器系统与信息融合、机器人及其控制系统的一体化、机器人遥控及监控、多智能体的协调控制、微型和微小型机器人等。

　　未来科学技术的发展将会使机器人技术提高到更高的水平,机器人将成为人类多才多艺和聪明伶俐的伙伴,更加广泛地参与人类生产活动和社会生活,在改造自然、发展生产和家庭生活中,将会出现更多更好的机器人。

5.7.1　生产领域

　　机器人将更加广泛地代替人从事各种生产作业。机器人将从目前已广泛应用的汽车制造、机械制造、电子工业及塑料制品制造等生产领域扩展到核能、采矿、冶金、石油、化学、航空、航天、船舶、建筑、纺织、制衣、医药、生化、食品等工业领域,进而应用到诸如农业、林业、畜牧业和养殖业等非工业领域中,机器人将成为人类社会生产活动的主要劳动力,将人类从繁重单调、有害健康和危险的生产劳动中解放出来,使人类有更多的时间去学习、研究和创造。

5.7.2　勘测领域

　　机器人将成为人类探索与开发宇宙、海洋和地下未知世界的有力工具。由于将人送入太空进行宇宙探索非常危险和昂贵,因此机器人将代替人类从事空间作业和太空探索。目前,航天飞机已经将舱外作业机器人带入太空进行太空作业,火星探测车已被送到火星表面,并成功地完成了预定的探测任务。水下和地下作业对于人类来说是危险活动,水下和地下机器人将解决这个问题,未来将被广泛用于海底和地底的探索与开发、海洋和地下资源的利用、水下作业与救生等。

5.7.3　战争领域

　　机器人将在未来战争中发挥重要作用。军用机器人可以是一个武器系统,如机器人坦克、无人作战飞机、自主式地面车辆、扫雷机器人等,也可以是武器装备上的一个系统或装置,如军用飞机的"副驾驶员"系统、坦克装弹机器人系统、武器装备的自动故障诊断与排除系统等,将来还可能有机器人化的部队或兵团,在未来战争中也许会出现机器人对机器人的战斗场面。

5.7.4　生活领域

　　机器人将促进人类健康水平与生活质量的提高。改善生活条件、提高生活水平和生活质量始终是人类面临的一个重要课题,未来的服务机器人将进入家庭和服务产业。在家中,机器人可以从事清洁卫生、园艺、炊事、垃圾处理、家庭护理与服务等作业;在医院,机器人可以从事手术、化验、运输、康复及病人护理等作业;在商业和旅游业中,导购机器人、导游机器人和表演机器人都将得到发展;智能机器人玩具和智能机器人宠物的种类将不断增加;各种机器人体育比赛和文艺表演将百花争艳。机器人将不再只是用于生产作业的工具,大量的服务、表演、教育及玩具机器人将进入人类社会,使我们的生活更加方便和丰富多彩。

第6章　认识数控技术

随着计算机和自动化技术的高速发展,机械加工技术发生了深刻的变化。传统的普通机械加工设备已经难以应对产品要求的复杂化、多样化,难以适应产品生产的高效率、高质量要求,数控机床综合应用了机械、电气、液压、气动、微电子和信息等,较好地解决了复杂、精密、小批量、多品种的零件加工问题,是一种柔性的、高效能的自动化机床,代表了现代机床控制技术的发展方向,是一种典型的机电一体化产品。

6.1　数控机床概述

6.1.1　数字控制

数字控制(numerical control,NC)是一种借助数字、字符或者其他符号对某一工作过程进行编程控制的自动化方法。数字控制相对于模拟控制而言,其控制信息是数字量,数字控制优势在于:①可以对数字化信息进行逻辑运算、数学运算等复杂信息处理;②可用软件语言或指令来改变信息处理的方式或过程,而不用改动电路或机械机构,从而使设备具有很大的柔性。

正是由于上述优势,数字控制技术被广泛应用于机械加工设备中,装备了数字控制系统的自动化机床被称为数控机床。数控机床的数字控制系统能够逻辑处理具有控制编码或其他符号指令规定的程序,并将其译码,用代码化的数字表示,通过信息载体输入数控装置。经运算处理由数控装置发出各种控制信号,控制机床的动作,按图纸要求的形状和尺寸,自动地将零件加工出来。

6.1.2　计算机数字控制

计算机数字控制(computer numerical control,CNC)是由计算机作为命令发生器和控制器的数字控制系统。早期的数字控制系统是由数字逻辑电路构成的专用硬件控制系统,随着计算机硬件性价比的迅速提高和图形显示器的推广应用,现代数控系统已不需要穿孔纸带,而由计算机直接控制。数控机床用一台计算机直接控制另一台机床,机床的控制程序存储在计算机的内存中,系统功能容易修改和扩充,使用灵活方便。

6.2 数控技术的产生及发展

20世纪40年代以来,随着科学技术和生产的不断发展,人们对产品的质量和生产效率提出了越来越高的要求,产品加工工艺过程的自动化是实现高质量、高效率的重要措施之一。飞机、汽车、农机、家电等生产企业大多采用了自动机床、组合机床和自动生产线,从而保证了产品的质量,提高了生产效率并降低了操作者的劳动强度。但是,在产品加工中,大批量生产的零件并不是很多,一般来说,单件与小批量生产的零件占机械加工总量的80%以上。对这些多品种小批量,形状复杂,精度要求高的零件的加工,采用专业化程度很高的自动机床和自动生产线就显得不合适。在市场经济的大潮中,产品的竞争日趋激烈,为在竞争中求得生存与发展,各企业纷纷在提高产品技术档次,增加产品种类,缩短试制与生产周期和提高产品质量上下功夫。即使是批量较大的产品,也不大可能多年一成不变,因此必须经常开发新产品,频繁更新换代,传统自动化生产线难以适应这种小批量、多品种的生产要求,已有的各类仿形加工设备在过去的生产中虽然解决了部分小批量复杂零件的加工问题,但在更换零件时,必须制造靠模并调整设备,这不但要耗费大量的手工劳动,延长生产准备周期,而且由于靠模加工误差的影响,零件的加工精度很难达到较高的要求。为了解决上述问题,一种灵活、通用、高精度、高效率的"柔性"自动化生产技术——数控技术应运而生。

随着电子技术的发展,1946年世界上第一台电子计算机问世,由此掀开了信息自动化的新篇章。1948年美国北密执安的一个小型飞机工业承包商帕森斯(Parsons)公司在制造飞机框架及直升机的转动机翼时,提出了采用电子计算机对加工轨迹进行控制和数据处理的设想,后来得到美国空军的支持。1949年,该公司与麻省理工学院开始共同研究,并于1952年试制成功第一台三个坐标轴的数控铣床,完成了直升机叶片轮廓检查用样板的加工,这是一台采用专用计算机进行运算与控制的直线插补轮廓控制数控铣床。经过三年的试用、改进与提高,数控机床于1955年进入实用化阶段,在复杂曲面的加工中发挥了重要作用。尽管这种初期数控机床采用电子管和分立元件硬线电路来进行运算和控制,体积庞大且功能单一,但它采用了先进的数字控制技术,具有普通设备和各种自动化设备无法比拟的优点,具有强大的生命力,它的出现开辟了工业生产技术的新纪元,这是第一代数控系统。

1959年,晶体管出现,电子计算机应用晶体管元件和印刷电路板,使机床数控系统跨入了第二代。1959年,K&T(Keaney & Trecker)公司在数控机床上设置刀库,并在刀库中装入丝锥、钻头、铰刀等刀具,根据穿孔带的指令系统可自动选择刀具,并通过机械手将刀具装在主轴上,以缩短刀具的装卸时间和零件的定位装卡时间。人们把这种带自动交换刀具的数控机床称为加工中心(machining center, MC),该数控机床的数控装置采用晶体管元件和印刷电路板,称为第二代数控机床。加工中心的出现,把数控机床的应用推上了一个更高的层次,它一般集铣、钻、镗于一身,为以后立式、卧式加工中心、车削中心、磨削中心、五面体加工中心、板材加工中心等的发展打下基础。1965年,出现了第三代集成电路数控装置,其不仅体积小,功率消耗少,且可靠性提高,价格进一步下降,促进了数控机床品种和产量的发展。

以上三代都属于硬逻辑数控系统,由于点位控制的数控系统比轮廓控制的数控系统要简单得多,点位控制的数控机床得到大发展。有资料统计,截至 1966 年,实际使用的 6000 台数控机床中,85％是点位控制的数控机床。1967 年英国莫林斯(Mollin)公司将 7 台机床用 IBM 1360/140 计算机集中控制,组成 Mollin24 系统,该系统首开柔性制造系统(flexible manufacturing system,FMS)的先河,能执行生产调度程序和数控程序,具有工件储存、传送和检验自动化的功能,能加工小于 300mm×300 mm 的工件,适合 100 件内的小规模生产。20 世纪 60 年代末,先后出现了由一台计算机直接控制多台机床的直接数控(distributed numerical control,DNC)系统,又称群控系统,以及采用小型计算机控制的计算机数控系统,使数控装置进入了以小型计算机化为特征的第四代。20 世纪 70 年代初微处理机出现,美国、日本、德国等都迅速推出了以微处理机为核心的数控系统,这样的数控系统,称为第五代数控系统(microcomputer numerical control,MNC,通称为 CNC),自此,开始了数控机床大发展的时代。1974 年,美国约瑟夫·哈林顿(Joseph Harrington)博士在《计算机集成制造》一书中首先提出了计算机集成制造(computer integrated manufacturing,CIM)的概念,由此组成的系统称为计算机集成制造系统(computer integrated manufacturing system,CIMS),其核心内容是:企业生产的各环节,即从市场分析、产品设计、加工制造、经营管理到售后服务的全部生产活动是一个不可分割的整体;整个生产过程实质上是一个数据的采集、传送和加工处理的过程,最终形成的产品可以看作是数据的物质表现。

进入 80 年代,微处理机升档更加迅速,极大地促进了数控机床向柔性制造单元(flexible manufacturing cell,FMC)、柔性制造系统方向发展,并奠定了向规模更大、层次更高的生产自动化系统,如计算机集成制造系统、自动化工厂方向发展的坚实基础。80 年代末期,又出现了以提高综合效益为目的,以人为主体,以计算机技术为支柱,综合应用信息、材料、能源、环境等高新技术和现代系统管理技术,研究并改造传统制造过程作用于产品整个生命周期的所有适用技术,通称为先进制造技术。

进入 90 年代以来,随着国际上计算机技术突飞猛进的发展,数控技术不断采用计算机、控制理论等领域的最新技术成就,使其向运行高速化、加工高紧化、功能复合化、控制智能化、体系开放化和交互网络化方向发展,在最近 30 年,计算机数控性能和功能不断发展,计算机数控机床向综合自动化方向发展。

6.3 数控机床的加工原理与组成

6.3.1 数控机床的加工原理

传统的机械加工机床是操作者根据图纸要求,手动控制机床不断改变刀具与工件相对运动的位置和速度,从工件上切除多余的材料,最终加工出符合技术要求的尺寸、形状、位置和表面质量的零件,产品零件的质量大部分取决于操作者的技术水平和经验。

数控机床的加工原理则是将加工过程所需要的各种操作步骤(如主轴启停、刀具选择、冷却液开关等)以及工件的形状尺寸,用程序代码来表示,再由数控系统对这些输入的信息进行处理和运算,将刀具或者工件运动的每个方向分割成若干最小位移量,然后数控系统按照零件程序的位移量控制机床伺服驱动系统,使刀具或者工件移动指定个数的最小位移量,从而实现刀具与工件的相对运动,完成零件的加工。

数控机床加工零件时,一般按照以下步骤进行,如图 6-1 所示。

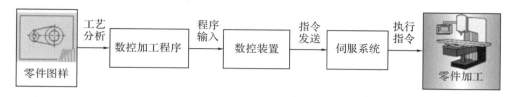

图 6-1　数控机床工作过程

(1)首先要对零件加工图样进行工艺分析,选择合适的数控机床,确定工序内容及技术要求,在此基础上确定零件的定位基准、加工方案,制定数控加工工艺路线,如工序的划分、加工顺序的安排、传统加工工序的衔接等。

(2)用规定的程序代码和格式规则编写零件加工程序,或者用自动编程软件进行 CAD/CAM 工作,直接生成零件的加工程序文件。数控程序编写时应进行换刀点的选择、刀具的补偿、切削用量的确定等工作。

(3)将数控加工程序输入数控装置中。手工编写的数控程序可以通过数控系统的操作面板输入数控装置中,由编程软件自动生成的数控程序,可以通过数控系统的串行通信接口直接传输到数控装置中。目前数控机床基本配有程序存储卡接口,编制好的程序也可以通过存储卡复制到数控装置内。

(4)数控装置读入程序,并对其进行译码、几何尺寸和工艺数据处理、插补计算等操作,然后根据处理结果,以脉冲信号形式向伺服驱动系统发出相应的控制指令。

(5)伺服驱动系统接到控制指令后,立即驱动执行部件按照指令的要求进行运动,从而自动完成零件的加工。

6.3.2　数控机床的组成

数控机床按照事先编制的程序进行加工,可以在无人工干预的情况下长时间稳定可靠地工作,因而要求结构更加精密和完善,以满足重复加工的需要。数控机床一般由数控装置、伺服驱动装置、检测反馈装置、辅助控制装置以及机床本体组成,如图 6-2 所示。

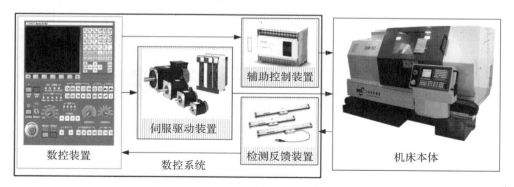

图 6-2　数控机床的组成

数控系统是数控机床的核心部件,是体现数控机床先进性的关键。数控系统主要由硬件和软件两大部分组成,硬件是数控系统的躯干,软件是数控系统的大脑。目前数控机床采用的数控系统主要为计算机数控(CNC)系统。

1. CNC 系统组成

CNC 系统主要由输入/输出设备、通信装置、计算机数控装置、可编程控制器(PLC)、主轴驱动装置、进给驱动装置和检测反馈装置等组成,如图 6-3 所示。其中 CNC 装置是 CNC系统的关键部件,除具有一般计算机所具有的微处理器(CPU)、存储器(ROM、RAM)、输入/输出接口外,还具有数控系统专业的接口和部件,如位置控制器、程序输入接口、手动数据输入(manual data input,MDI)接口、显示接口等。

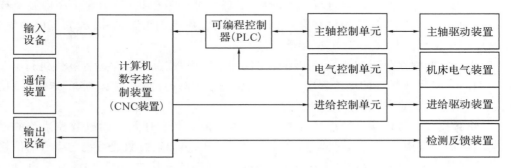

图 6-3　CNC 系统组成

2. CNC 系统工作过程

CNC 系统通过数据输入、数据存储、译码处理、插补运算和位置控制,控制数控机床的执行部件,最后实现零件的加工。CNC 系统的工作流程如图 6-4 所示。

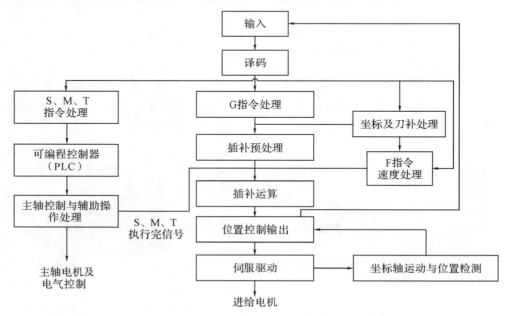

图 6-4　CNC 系统的工作流程

（1）译码：以零件程序的一个程序段为单位进行处理，把程序段中零件的形状尺寸信息，F、S、T、M等信息按一定的语法规则编译成计算机能够识别的数据形式，并以一定的数据格式存放在指定的内存专用区域。编译过程中会进行语法检查，如果发现错误，系统就会输出报警信息。

（2）刀具补偿：包括刀具半径补偿和刀具长度补偿。为了方便编程人员编制零件加工程序，以零件轮廓轨迹来编程的，与刀具尺寸无关，程序输入和刀具参数输入分别进行，刀具补偿的作用是把零件轮廓轨迹按系统存储的刀具尺寸数据自动转换成刀具中心（刀位点）相对于工件的移动轨迹。

（3）进给速度处理：数控加工程序给定的刀具相对于工件的移动速度是在各个坐标合成运动方向上的速度，即F代码的指令值。进给速度处理首先要进行的工作是将各个坐标合成运动方向上的速度分解成各进给运动坐标方向的分速度，为插补时计算各进给坐标的行程量做准备；另外，进给速度处理还包括对机床允许的最低和最高速度的限制和数控机床的CNC软件的自动加减速处理。

（4）插补运算：指数据密化的过程。在对数控系统输入有限坐标点（例如起点、终点）的情况下，计算机根据线段的特征（直线、圆弧、椭圆等），运用一定的算法，自动地在有限坐标点之间生成一系列的坐标数据，即所谓数据密化，从而自动地对各坐标轴进行脉冲分配，完成整个线段的轨迹运行，以满足加工精度的要求。

（5）位置控制：位置控制的主要任务是在每个采样周期内，将插补计算出的指令位置与反馈的实际位置相比较，获得差值后控制进给伺服电机。在位置控制中，通常还要完成位置回路的增益调整、各坐标方向的螺距误差补偿和反向间隙补偿，以提高机床的定位精度，位置控制可以由软件完成，也可以由硬件完成。

3. 典型CNC系统介绍

目前，在国内应用较多的CNC系统主要分为国外产品和国内产品，国外数控系统为日本发那科（FANUC）、德国西门子（SIEMENS）、西班牙法格（FAGOR）、德国海德汉（HEIDENHAIN）等公司的数控系统及相关产品，国内数控系统为华中数控、广州数控、航天数控等数控系统及相关产品。

1）发那科数控系统

日本发那科公司创建于1956年，1959年首先推出了电液步进电机，在后来的若干年中逐步发展并完善了以硬件为主的开环数控系统。进入70年代，微电子技术、功率电子技术，尤其是计算技术得到了飞速发展，发那科公司毅然舍弃了使其发家的电液步进电机数控产品，引进直流伺服电机制造技术。1976年发那科公司研制成功数控系统5，随后又与西门子公司联合研制了具有先进水平的数控系统7，从这时起，发那科公司逐步发展为世界上最大的专业数控系统生产厂家，产品日新月异，年年翻新。

（1）发那科数控系统各系列产品。

FANUC 0系统由数控单元本体、进给伺服单元、主轴电机和进给电机、CRT显示器、系统操作面板、机床操作面板、附加的输入/输出接口板（B2）、电池盒、手摇脉冲发生器等部件组成。FANUC 0系统的CNC单元为大板结构，基本配置了主印制电路板、存储器板、图形显示板、可编程机床控制器板、伺服轴控制板、输入/输出接口板、子CPU板、扩展的轴控制板、数控单元电源和DNC控制板，各板插在主印制电路板上与CPU的总线相连。

FANUC 0i 系列采用 FANUC 30i/31i/32i 平台技术,数字伺服采用 HRV3 及 HRV4,具有纳米插补功能,能实现高精度纳米加工。同时具有高精度轮廓控制(AI contour control,AICC)功能,可以实现高速微小程序段加工,特别适宜高速、高精度、微小程序段模具加工。在可编程机床控制器(programmable machine controller,PMC)配置上也有了比较大的改进,采用新版本的 FLADDER 梯形图处理软件,增加到了 125 个专用功能指令,并且可以自定义功能块,可以实现多通道 PMC 程序处理,兼容 C 语言 PMC 程序。作为应用层的开发工具,提供 C 语言接口,机床厂可以方便地用 C 语言开发专用的操作界面。FANUC 0i 系列产品包括 FANUC 0i-M、FANUC 0i-T 以及 FANUC 0i-Mate M、FANUC 0i-Mate T。

(2)发那科数控系统特点。

①长期采用大板结构,新产品采用模块化结构,质量高、性能高、功能全,适用于各种机床和生产机械,市场占有率高于其他数控系统。

②能适应恶劣的工业生产环境,具有较完善的保护措施,数控系统内部具有较好的保护电路。

③提供大量丰富的 PMC 信号和 PMC 功能指令,这些丰富的信号和编程指令便于用户编制机床侧 PMC 控制程序,而且增加了编程的灵活性。

④提供丰富的维修报警和诊断功能,发那科维修手册为用户提供了大量的报警信息,并且以不同的类别进行分类。

2)西门子数控系统

德国西门子公司是生产数控系统的世界著名厂家,西门子公司凭借在数控系统及驱动产品方面的专业思考与深厚积累,不断制造出数控系统的典范之作,为数控设备提供了日趋完善的技术支持。SINUMERIK 系列数控产品能满足各种数控加工设备的需求,具有高度模块化、开发性以及规范化的结构,适于操作、编程和监控。

(1)西门子数控系统各系列产品。

SINUMERIK 802D 是西门子公司专门为简易数控机床开发的经济型数控系统,其核心部件面板控制单元(panel control unit,PCU)将 CNC、PLC、人机界面和通信等功能集于一体,可靠性高、易于安装。SINUMERIK 802D 可控制 4 个进给轴和一个数字或模拟主轴,通过生产现场总线 PROFIBUS 将驱动器、I/O 模块连接起来。模块化的驱动装置 SIMODRIVE611Ue 配套 1FK6 系列伺服电机,为机床提供了全数字化的动力,系统集成了内置 PLC 系统,对机床进行逻辑控制,采用标准的 PLC 的编程语言 Micro/WIN 进行控制逻辑设计。并且随机提供标准的 PLC 子程序库和实例程序,简化了制造厂设计过程,缩短了设计周期。

SINUMERIK 828D 是一款基于面板的紧凑型数控系统,配置 10.4 英寸(1 英寸=2.54 厘米)TFT 彩色显示器和全尺寸 CNC 键盘,采用前置 USB 2.0、CF(compact flash)卡和以太网接口。SINUMERIK 828D 集 CNC、PLC、操作界面以及轴控制功能于一体,通过 Drive-CLiQ 总线与全数字驱动 SINAMICS S120 实现高速可靠通信,PLC I/O 模块通过 PROFINET 连接,可自动识别,无须额外配置,支持车、铣工艺应用,可选水平、垂直面板布局和两级性能,满足不同安装形式的需要和不同性能要求,完全独立的车削和铣削应用系统软件,可以尽可能多地预先设定机床功能,从而最大限度减少机床调试所需时间。

SINUMERIK 840D 是一款全数字化高度开放式数控系统,它与以往数控系统的不同点是数控与驱动的接口信号是数字量的,它的人机界面建立在 FlexOs 基础上,更易操作,更易掌握,软件内容更加丰富。它具有高度模块化及规范化的结构,它将 CNC 和驱动控制集成在一块板上,将闭环控制的全部硬件和软件集成在一个空间中,便于编程、操作和监控。SINUMERIK 840D 的计算机化、驱动的模块化和驱动接口的数字化,这"三化"代表数控的发展方向。SINUMERIK 840D 集成结构紧凑、高功率密度的 SINAMICS S120 驱动系统,并结合 SIMATIC S7-300 PLC 模块,构成全数字数控系统,应用于众多数控加工领域,能实现钻、车、铣、磨等数控功能,成为中高端数控应用的最佳选择。

(2)西门子数控系统特点。

①采用模块化设计,经济性好,在一种标准硬件上配置多种软件,使系统具有多种工艺类型,满足各种机床的需要,并成为系列产品。

②采用 SIMATIC S 系列可编程控制器或集成式可编程控制器,用 STEP 编程语言,具有丰富的人机对话功能,能显示多种语言。

③CAD/CAM 软件与数控系统完美结合,集产品造型、自动编程、模拟加工于一体,真正做到了智能化控制。另外,西门子还为其合作伙伴预留了数据接口和内存空间,机床制造厂可以根据客户的需求,量身定做特殊的功能和服务。

3)华中数控系统

华中数控系统是国产数控系统的代表产品,具有自主知识产权,经过多年的发展和技术革新,可靠性、精度和自动化程度都达到了一定的水平。目前华中数控形成了高、中、低三个档次的系列产品,并且派生出四十余款产品,广泛用于车、铣、磨、锻、齿轮、仿形、激光加工、纺织机械等设备。

(1)华中数控系统各系列产品。

华中 HNC-18/19 系列数控系统采用开放式体系结构,内置嵌入式工业 PC 机,通过高性能 32 位微处理器和现场可编程逻辑阵列(field programmable gate array,FPGA)实现控制,配置 5.7 英寸高亮度、长寿命单色(18 系列)/彩色(19 系列)液晶显示屏和通用工程面板,集进给轴接口、主轴接口、手持单元接口、内嵌式 PLC 接口于一体,采用电子盘程序存储方式以及 CF 卡、DNC、以太网等程序交换功能,具有价格低、性能高、结构紧凑、易于使用、可靠性高等特点,华中 HNC-18/19 系列数控系统主要应用于各类数控车床、数控铣床。

华中 HNC-21/210 系列数控系统以工业微机(industrial personal computer,IPC)为硬件平台,采用先进的开放式体系结构,配置 8.4 英寸(HNC-21、HNC-210A)/10.4 英寸(HNC-210B)高亮度 TFT 彩色液晶显示屏和通用工程面板,集进给轴接口、主轴接口、手持单元接口、内嵌式 PLC 接口于一体,采用电子盘程序存储方式以及 USB、DNC、以太网等程序交换功能,具有性能高、配置灵活、结构紧凑、易于使用、可靠性高等特点,华中 HNC-21/210 系列数控系统主要应用于数控车床、数控铣床、数控加工中心等。

华中 HNC-8 系列数控系统是华中数控研发的新一代基于多处理器的总线型高档数控系统,采用模块化、开放式体系结构,基于具有自主知识产权的 NCUC 工业现场总线技术,配置 8.4 英寸(HNC-8A)/10.4 英寸(HNC-8B)/15 英寸(HNC-8C)LED 液晶显示屏。HNC-8 系列五轴数控系统充分发挥多处理器的优势,在不同的处理器分别执行 HMI、数控核心软件及 PLC,充分满足运动控制和高速 PLC 控制的强实时性要求。HMI 操作安全、友好,采用总线技术突破了传统伺服在高速度、高精度状态下的数据传输瓶颈,在极高精度和分辨率的情况下可获得更高的速度,极大提高了系统的性能。系统采用 3D 实体显示技术实时监控和显示加工过程,直观地保证了机床的安全操作。华中 HNC-8 系列数控系统主要应用于数控铣削中心、车铣复合、多轴、多通道等高档数控机床。

(2)华中数控系统特点。

①基于通用工业微机的开放式体系结构,能充分利用 PC 硬件和软件的丰富资源,使得系统的使用、维护、升级和二次开发非常方便。

②采用先进的软件技术,用单 CPU 实现了多 CPU 结构的高档系统的功能,可进行多轴多通道控制,独创的多轴曲面插补技术能完成多轴曲面轮廓的直接插补控制,可实现高速度、高精度和高效率的曲面加工。

③系统采用汉字菜单,并提供在线帮助功能和良好的用户界面,还提供宏程序功能,具有形象直观的三维图形仿真校验和动态跟踪功能,使用操作十分方便。

6.4 数控机床的分类

6.4.1 按工艺用途分类

目前数控机床产品种类繁多,按照零件加工工艺及机床的用途可以大致分为四大类,分别为金属切削类数控机床、金属成形类数控机床、特种加工类数控机床和非加工类数控机床。

1. 金属切削类数控机床

金属切削加工是用刀具从工件上切除多余材料,从而获得形状、尺寸精度及表面质量等合乎要求的零件的加工过程。金属切削的方法包括车、铣、镗、铰、钻、磨、刨等。金属切削类数控机床分为普通切削数控机床和加工中心两类。

普通切削数控机床是指加工用途、加工工艺相对单一的数控机床,分为数控车床(见图 6-5①)、数控铣床(见图 6-5②)、数控镗床、数控钻床(见图 6-5③)、数控磨床(见图 6-5④)、数控刨床等。尽管这些数控机床在加工工艺和功能方面各不相同,具体的控制方式也不一样,但是机床的加工都是在数控系统的控制下进行的。

加工中心是一种带有刀库和自动换刀装置的高度自动化的多功能数控机床。数控加工中心最大的特点是可以进行复合加工,将工件装夹后,通过自动换刀装置更换各种刀具,连续完成铣(车)、镗、铰、钻、攻螺纹等多种工序。加工中心按照加工工艺可以分为铣削加工中心(见图 6-5⑤)、车削加工中心(见图 6-5⑥)、钻削加工中心等,按照控制轴数分为三轴、四轴、五轴加工中心。

2. 金属成形类数控机床

金属成形是指采用挤、压、冲、拉等工艺加工金属零件。数控成形类机床有数控冲床(见图 6-5⑦)、数控压力机、数控折弯机(见图 6-5⑧)、数控弯管机等。

3. 特种加工类数控机床

特种加工是指那些不属于传统加工工艺范畴的加工方法,泛指用电能、热能、光能、电化

图 6-5 数控机床的分类

学能、化学能、声能及特殊机械能等能量去除或增加材料的加工方法,达到材料被去除、变形、改变性能或被镀覆等目的。特种加工类数控机床主要有数控电火花切割机床(见图 6-5⑨)、数控电火花成形机床、数控等离子弧切割机床、数控火焰切割机床、数控激光加工机床(见图 6-5⑩)及专用组合数控机床等。

4. 非加工类数控机床

非加工类数控机床是指非机械加工的机床,主要有自动装配机、三坐标测量机(见图 6-5⑪)、数控绘图机和工业机器人(见图 6-5⑫)等。

6.4.2 按运动轨迹分类

按照机床运动的控制轨迹,可以把数控机床分为点位控制的数控机床、直线控制的数控机床和轮廓控制的数控机床。

1. 点位控制的数控机床

点位控制数控机床只控制机床移动部件从一点到另一点的精确定位,而不控制运动部件的运行轨迹,并且在运动和定位过程中不进行任何加工,如图 6-6(a)所示。机床的各坐标轴之间的运动是不相关的,通常为了实现既快又精确的定位,一般在两点间先快速移动,然后慢速接近定位点,以保证定位精度。典型的点位控制数控机床主要有数控钻床、数控镗床、数控冲床、数控点焊机、数控弯管机等。

2. 直线控制的数控机床

直线控制数控机床除了控制点与点之间的准确定位外,还要控制相关两点之间的移动速度和运动轨迹,但其运动轨迹只能与机床坐标轴平行,即同时控制的坐标轴只有一个,如图 6-6(b)所示。直线控制数控机床在运动的过程中,刀具能以指定的进给速度进行切削,一般只能加工矩形、台阶形零件。

典型的直线控制数控机床主要有简易型数控车床、简易型数控铣床、数控磨床等,这些数控机床一般具有 2~3 个控制轴,但是同时控制的轴只有一个,因此数控系统内没有插补运算功能。

3. 轮廓控制的数控机床

轮廓控制数控机床能控制两个或两个以上的运动坐标轴的位移和速度,即实现两轴或两轴以上联动加工,如图 6-6(c)所示。为了使刀具沿工件轮廓的相对运动轨迹符合工件加工轮廓的要求,必须将各坐标运动的位移控制和速度控制按照规定的比例关系精确地协调起来,轮廓控制数控机床的数控装置必须具有插补运算功能。

典型的轮廓控制数控机床有数控车床、数控铣床、数控线切割机、数控加工中心等,这类机床能加工曲线和曲面等形状复杂的零件。

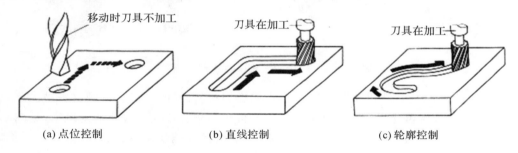

(a) 点位控制 (b) 直线控制 (c) 轮廓控制

图 6-6　数控机床运动的控制轨迹

6.4.3　按伺服控制方式分类

按照伺服系统的控制方式,可以把数控机床分为开环控制数控机床、半闭环控制数控机床和全闭环控制数控机床。

1. 开环控制数控机床

开环控制数控机床是指没有位置反馈装置的数控机床,数控装置进行零件程序处理后,直接输出指令信号给伺服系统,控制机床进行零件加工,如图 6-7 所示。开环控制数控机床的伺服驱动系统一般采用步进电机,数控装置将进给指令信号转换为脉冲信号,它以变换脉冲的个数来控制坐标位移量,以变换脉冲的频率来控制位移速度,以变换脉冲的分配顺序来控制位移的方向。开环控制方式的最大特点是控制方便、结构简单,但是由于没有检测反馈装置对运动部件的实际位移量进行检测,不能进行运动误差的校正,因此步进电机的由步距角误差、齿轮和丝杠组成的传动链误差都将直接影响加工零件的精度。早期的数控机床和由传统机床改造的数控机床大都采用开环控制方式。

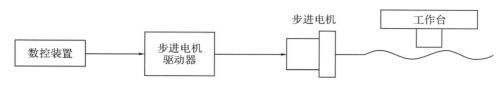

图 6-7　开环控制数控机床

2. 半闭环控制数控机床

半闭环控制数控机床是指带有位置反馈装置的数控机床,但其检测元件安装在驱动电机或传动丝杠的端部,只能间接测量执行部件的实际位置,如图 6-8 所示。开环控制数控机床通常采用编码器作为位置检测元件,通过伺服电机或丝杆转动的角位移计算来获得实际位置,由于机械传动的误差无法得到消除和校正,因此,控制精度还是会受到影响,但是可采用软件定值补偿方法来适当提高其精度。目前,大部分数控机床采用半闭环控制方式。

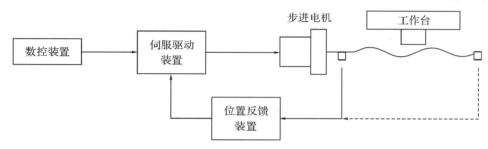

图 6-8　半闭环控制数控机床

3. 全闭环控制数控机床

全闭环控制数控机床是指带有位置反馈装置的数控机床,但其检测元件安装在进给系统末端的执行部件上,该位置检测装置可实际测量进给系统的位移量或位置,如图 6-9 所示。全闭环控制数控机床通常采用直线位移检测元件(如光栅尺),数控装置将位移指令与工作台端测得的实际位置反馈信号进行比较,根据其差值不断控制运动,使运动部件严格按照实际需要的位移量运动。利用测速元件随时测得驱动电机的转速,将速度反馈信号与速度指令信号相比较,对驱动电机的转速随时进行修正。这类机床的运动精度主要取决于检测装置的精度,与机械传动的误差无关。相对于半闭环数控机床,全闭环数控机床精度更高,速度更快,驱动功率更高,但是机床昂贵,对机床结构及传动系统有更高的要求。精度要

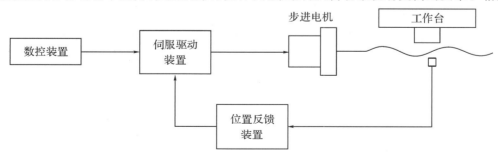

图 6-9　全闭环控制数控机床

求很高的数控铣床、数控车床、数控超精磨床、数控加工中心等采用全闭环控制方式。

6.4.4 按控制坐标轴分类

数控机床控制轴数和联动轴数是体现机床加工能力的重要参数。数控系统通过确定的伺服驱动系统控制某个具体的运动轴,运动轴的数目称为控制轴数。为了实现对复杂曲面零件的加工,在很多情况下,需要对机床的多个运动同时协调进行控制,即同时控制多个轴运动,能够同时控制的运动轴数量称为联动轴数。

1. 两轴联动数控机床

两轴联动数控机床是指能同时控制两个轴运动的数控机床。数控机床是典型的两轴联动数控机床,可以实现 Z 轴和 X 轴的联动,可以加工出圆弧、锥体等形状的零件。还有一些数控机床虽然有三个控制轴,但是只能实现两轴联动,第三个轴只做周期进给运动,常称为两轴半联动数控机床。

2. 三轴联动数控机床

三轴联动数控机床是指能同时控制三个坐标轴联动的数控机床。三轴联动数控机床分为两类,一类是控制 X、Y、Z 三个直线坐标轴联动,较多地用于数控铣床、加工中心等;另一类是除了同时控制 X、Y、Z 中两个直线坐标外,还同时控制围绕其中某一直线坐标轴旋转的旋转坐标轴,如车削加工中心,它除了控制 X 轴和 Z 轴两个直线坐标轴联动外,还需同时控制围绕 Z 轴旋转的 C 轴(主轴)联动。

3. 四轴联动数控机床

四轴联动数控机床是指能同时控制四轴,即 X、Y、Z 三个直线坐标轴与某一旋转坐标轴联动。图 6-10(a)为同时控制 X、Y、Z 三个直线坐标轴与一个工作台回转轴联动的数控机床。

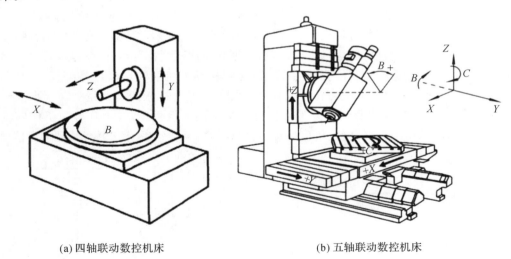

(a)四轴联动数控机床　　　　　　(b)五轴联动数控机床

图 6-10　按控制坐标轴分类的数控机床

4. 五轴联动数控机床

五轴联动数控机床除了同时控制 X、Y、Z 三个直线坐标轴联动外,还同时控制围绕这些直线坐标轴旋转的 A、B、C 坐标轴中的两个坐标轴,同时控制五个轴联动,如图 6-10(b)所示。五轴联动数控机床进行加工时,工件一次装夹可完成五面体加工,可以对复杂空间曲面进行高精度加工,适合汽车零部件、飞机机构件等现代化模具加工。

6.5 数控机床的特点与应用

6.5.1 数控机床的特点

1. 柔性高

数控机床按照数控程序加工零件,当加工零件改变时,一般只需要更换数控程序和配备所需的刀具,不需要靠模、样板、钻镗模等专用工艺装备,可以很快地从加工一种零件转变为加工另一种零件,生产准备周期短,适合于多品种小批量生产。数控机床采用高性能的主轴及伺服传动系统,机械结构得到简化,传动链较短,柔性和灵活性高,所以适合于更新换代快的零件的加工。

2. 自动化程度高

数控程序是数控机床加工零件所需的几何信息和工艺信息的集合,几何信息有走刀路径、插补参数、刀具长度和半径补偿,工艺信息有刀具、主轴转速、进给速度、冷却液开关等。更多地采用高效率、高精度的传动部件,如滚珠丝杠、直线滚动导轨等,轻松实现较高的切削速度和进给量。在切削加工过程中,自动实现刀具和工件的相对运动,自动变换切削速度和进给速度,自动开/关冷却液,数控车床自动转位换刀,操作者的任务是装卸工件、换刀、操作按键、监视加工过程等,操作方便安全,有利于现代化管理。

3. 加工精度高,一致性高,质量稳定

现代数控机床装备有 CNC 数控装置和新型伺服系统,具有很高的控制精度,普遍达到 0.1mm。数控机床的进给伺服系统采用闭环或半闭环控制,对反向间隙和丝杠螺距误差以及刀具磨损进行补偿,因而数控机床能达到较高的加工精度。对中小型数控机床,定位精度普遍可达到 0.03mm,重复定位精度可达到 0.01mm。数控机床的传动系统和机床结构都具有很高的刚度和稳定性,制造精度也比普通机床高。当数控机床有 3~5 轴联动功能时,可加工各种复杂曲面,并能获得较高精度。机床本身精度高,此外还可以利用参数的修改进行精度校正和补偿。由于按照数控程序自动加工,避免了人为的操作误差,因而同一批加工零件的尺寸一致性好,加工质量稳定。

4. 生产效率较高

零件加工时间由机动时间和辅助时间组成,数控机床加工的机动时间和辅助时间明显比普通机床少。数控机床主轴转速范围和进给速度范围比普通机床大,主轴转速范围通常为 10~6000r/min,高速切削加工时可达 15000r/min,进给速度范围上限可达到 10~12m/min,高速切削加工进给速度甚至超过 30m/min,快速移动速度超过 30~60m/min。主运动和进给运动一般为无级变速,每道工序都能选用最有利的切削用量,空行程时间明显减少。数控机床的主轴电动机和进给驱动电动机的驱动能力比同规格的普通机床大,机床的结构刚度高,有的数控机床能进行强力切削,有效地减少机动时间。

5．有利于生产管理

数控机床使用数字信息与标准代码处理、传递信息,特别是在数控机床上使用计算机控制,易于与计算机辅助设计、辅助加工系统连接,形成 CAD/CAM 一体化系统。现代数控机床一般都具有通信接口,可以实现上层计算机与数控机床之间的通信,也可以实现几台数控机床之间的数据通信,同时还可以直接对几台数控机床进行控制。具有刀具寿命管理功能,可对每把刀的切削时间进行统计,当达到给定的刀具耐用度时,自动换下磨损刀具并装上备用刀具。

6.5.2　数控机床的适用范围

数控机床是一种高度自动化的机械设备,有许多普通机床不具备的优点,因此数控机床的应用范围不断扩大。但是,数控机床投资费用较高,技术含量较高,使用和维护具有一定的难度,不能完全替代其他类型的设备。根据机械加工生产实际情况,数控机床适用范围如下:

(1)适合多品种、小批量的零件。数控机床加工不需要复杂的工装,可直接根据零件图纸编写数控加工程序,能很快地从加工一种零件转变为加工另一种零件,特别适合于多品种、小批量零件的生产。

(2)精度要求高的零件。数控机床采用数字控制技术,控制精度高,可以通过数控装置进行机械传动和刀具磨损补偿,所以能加工精度要求较高的零件。

(3)表面粗糙度小的零件。在工件和刀具的材料、精加工余量及刀具角度一定的情况下,表面粗糙度取决于切削速度和进给速度。普通机床转速恒定,直径不同切削速度就不同,数控车床具有恒线速度切削功能,能保证表面粗糙度。

(4)轮廓形状复杂的零件。数控机床具有圆弧插补功能,任意平面曲线都可以用直线或圆弧来逼近,能方便地加工用数学模型描述的复杂曲线或曲面轮廓零件。

6.6　数控机床的发展趋势

随着科学技术的发展,先进制造技术的兴起和不断成熟,人们对数控技术提出了更高的要求。目前数控技术主要朝以下方向发展。

6.6.1　向高速度、高精度方向发展

速度和精度是数控机床的两个重要指标,直接关系到产品的质量和档次、生产周期和在市场上的竞争能力。随着汽车、国防、航空、航天等工业的高速发展以及铝合金等新材料的应用,人们对数控机床加工的高速化要求越来越高。

在加工速度方面,高速加工源于 20 世纪 90 年代初,以电主轴和直线电机的应用为特征,使主轴转速大大提高。目前,电主轴(内装式主轴电机)最高转速达 300000r/min,在分辨率为 0.01m 时,最大进给率达到 240m/min 且可获得复杂型的精确加工。高速进给要求

数控系统的运算快、采样周期短,还要求数控系统具有足够的超前路径加(减)速优化预处理(前瞻处理)能力,微处理器的迅速发展为数控系统向高速、高精度方向发展提供了保障,CPU 已发展到 32 位以及 64 位的数控系统,频率提高到几百兆赫、上千兆赫。由于运算速度得到极大提高,当分辨率为 0.1 m、0.01 m 时仍能获得高达 24～240m/min 的进给速度;有些系统可提前处理 5000 个程序段,为保证加工速度,高档数控系统可在每秒内进行 2000～10000 次进给速度的改变。

换刀速度方面,目前国外先进加工中心的刀具交换时间普遍已在 1s 左右,高的已达0.5s 甚至更短。德国巨浪(Chiron)公司将刀库设计成篮子样式,以主轴为轴心,将刀具布置在圆周,换刀时间仅为 0.9s。在加工精度方面,近 10 年来,普通级数控机床的加工精度已由 $10\mu m$ 提高到 $5\mu m$,精密级加工中心则从 $3\sim5\mu m$ 提高到 $1\sim1.5\mu m$,并且超精密加工精度已开始进入纳米级($0.001\mu m$)。加工精度的提高不仅因为采用了滚珠丝杠副、静压导轨、直线滚动导轨、磁浮导轨等部件,提高了 CNC 系统的控制精度,应用了高分辨率位置检测装置,而且也因为使用了各种误差补偿技术,如丝杠螺距误差补偿、刀具误差补偿、热变形误差补偿、空间误差综合补偿等。

数控机床精度的要求现在已经不局限于静态的几何精度,机床的运动精度、热变形以及对振动的监测和补偿越来越受到重视。

(1)提高 CNC 系统控制精度:采用高速插补技术,以微小程序段实现连续进给,使 CNC控制单位精细化,并采用高分辨率位置检测装置,提高位置检测精度,位置伺服系统采用前馈控制与非线性控制等方法。

(2)采用误差补偿技术:采用反向间隙补偿、丝杆螺距误差补偿和刀具误差补偿等技术,对设备的热变形误差和空间误差进行综合补偿。研究结果表明,综合误差补偿技术的应用可将加工误差减小 60%～80%。

(3)采用网格解码器检查和提高加工中心的运动轨迹精度:通过仿真预测机床的加工精度,以保证机床的定位精度和重复定位精度,使其性能长期稳定,能够在不同运行条件下完成多种加工任务,并保证零件的加工质量。

6.6.2　向柔性化、功能集成化方向发展

数控机床在提高单机柔性化的同时,向单元柔性化和系统化方向发展,如出现了数控多轴加工中心、换刀换箱式加工中心等具有柔性的高效加工设备;出现了由多台数控机床组成底层加工设备的柔性制造单元、柔性制造系统、柔性加工线(flexible manufacturing line,FML)。在现代数控机床上,自动换刀装置、自动工作台交换装置等已成为基本装置。

随着数控机床向柔性化方向发展,功能集成化更多地体现在工件自动装卸,工件自动定位,刀具自动对刀,工件自动测量与补偿,集钻、车、镗、铣、磨于一体的"万能加工"和集装卸、加工、测量于一体的"完整加工"等方面,这样的机床也称为"复合机床"。复合机床的含义是在一台机床上实现或尽可能完成从毛坯至成品的多种要素加工。根据其结构特点可分为工艺复合型和工序复合型两类。工艺复合型机床有铣钻复合——加工中心、车铣复合——车削中心、铣镗钻车复合——复合加工中心等,工序复合型机床有多面多轴联动加工的复合机床和双主轴车削中心等。采用复合机床进行加工,减少了工件装卸、更换和调整刀具的辅助时间,减小了中间过程中产生的误差,提高了零件加工精度,缩短了产品制造周期,提高了生

产效率和制造商的市场反应能力,相对于传统的工序分散的生产方法具有明显的优势。加工过程的复合化也导致机床向模块化、多轴化发展。德国因代克斯(Index)公司最新推出的车削加工中心采用模块化结构,该加工中心能够完成车削、铣削、钻削、滚齿、磨削、激光热处理等多种工序,可完成复杂零件的全部加工。随着现代机械加工要求的不断提高,大量的多轴联动数控机床受到各大企业的欢迎。

6.6.3　向智能化方向发展

随着人工智能在计算机领域不断渗透和发展,数控系统向智能化方向发展。新一代的数控系统由于采用"进化计算"(evolutionary computation)、"模糊系统"(fuzzy system)和"神经网络"(neural network)等控制机理,性能大大提高,具有加工过程的自适应控制、负载自动识别、工艺参数自生成、运动参数动态补偿、智能诊断、智能监控等功能。

1. 引进自适应控制技术

由于在实际加工过程中,影响加工精度的因素较多,如工件余量不均匀、材料硬度不均匀、刀具磨损、工件变形、机床热变形等,这些因素事先难以预知,以致在实际加工中,很难用最佳参数进行切削。引进自适应控制技术的目的是使加工系统能根据切削条件的变化自动调节切削用量等参数,使加工过程保持最佳工作状态,从而得到较高的加工精度和较低的表面粗糙度,同时也能提高刀具的使用寿命和设备的生产效率。

2. 故障自诊断、自修复功能

在系统整个工作状态中,利用数控系统内装程序随时对数控系统本身以及与其相连的各种设备进行自诊断、自检查。一旦出现故障,立即采用停机等措施,并进行故障报警,提示发生故障的部位和原因等,并利用"冗余"技术,自动使故障模块脱机,接通备用模块。

3. 刀具寿命自动检测和自动换刀功能

利用红外、声发射、激光等检测手段,对刀具和工件进行检测。发现工件超差、刀具磨损和破损等,及时进行报警、自动补偿或更换刀具,确保产品质量。

4. 智能化交流伺服驱动技术

目前已研究出能自动识别负载并自动调整参数的智能化伺服系统,包括智能化主轴交流驱动装置和进给伺服驱动装置,可使驱动系统获得最佳运行状态。

5. 模式识别技术

应用图像识别和声控技术,机床可自动辨识图样,按照自然语言命令进行加工作业。

6.6.4　向高可靠性方向发展

数控机床的可靠性一直是用户关心的主要指标,它主要取决于数控系统各伺服驱动单元的可靠性。为提高可靠性,目前主要采取以下措施:

(1)采用更高集成度的电路芯片,采用大规模或超大规模的专用及混合式集成电路,以减少元器件的数量,提高可靠性。

(2)通过硬件功能软件化,适应各种控制功能的要求,同时通过硬件结构的模块化、标准化、通用化及系列化,提高硬件的生产批量和质量。

(3)增强故障自诊断、自恢复和保护功能,对系统内硬件、软件和各种外部设备进行故障诊断、报警,当发生加工超程、刀损、干扰、断电等意外时,自动进行相应的保护措施。

6.6.5 向网络化方向发展

数控机床的网络化将极大地满足柔性生产线、柔性制造系统、制造企业对信息集成的需求,也是实现新的制造模式,如敏捷制造(agile manufacturing,AM)、虚拟企业(virtual enterprise,VE)、全球制造(global manufacturing,GM)的基础。先进的数控系统为用户提供了强大的联网能力,除了具有 RS232C 接口外,还带有远程缓冲功能的 DNC 接口,可以实现多台数控机床间的数据通信和直接对多台数控机床进行控制。有的已具备与工业局域网通信的功能以及网络接口,促进了系统集成化和信息综合化,既可以实现网络资源共享,又能实现数控机床的远程监视、控制、培训、教学、管理,还可实现数控装备的数字化服务(数控机床故障的远程诊断、维护等),使远程在线编程、远程仿真、远程操作、远程监控及远程故障诊断成为可能。

6.6.6 向标准化方向发展

数控标准是制造业信息化发展的一种趋势。数控技术诞生后的 50 多年间的信息交换都是基于 ISO 6983 标准,即采用 G、M 代码对加工过程进行描述,显然,这种面向过程的描述方法已越来越不能满足现代数控技术高速发展的需要。为此,国际上正在研究和制定一种新的 CNC 系统标准 ISO 14649(STEP-NC),其目的是提供一种不依赖于具体系统的中性机制,能够描述产品整个生命周期内的统一数据模型,从而实现整个制造过程,乃至各个工业领域产品信息的标准化。

6.6.7 向驱动并联化方向发展

并联机床(又称虚拟轴机床)是 20 世纪最具革命性的机床运动结构的突破,引起了普遍关注。并联机床由基座、平台、多根可伸缩杆件组成,每根杆件的两端通过球面支承分别将运动平台与基座相连,并由伺服电机和滚珠丝杠按数控指令实现伸缩运动,使运动平台带动主轴部件或工作台部件做任意轨迹的运动。并联机床结构简单但数学运算复杂,整个平台的运动牵涉相当庞大的数学运算,因此并联机床是一种知识密集型机构。并联机床与传统串联式机床相比具有刚度高、承载能力高、速度高、精度高、重量轻、机械结构简单、制造成本低、标准化程度高等优点,在许多领域都得到了成功的应用。由并联、串联同时组成的混联式数控机床,不但具有并联机床的优点,而且在使用上更具实用价值,是一类很有前途的数控机床。

6.6.8 向加工绿色化方向发展

随着环境与资源约束的日趋严格,制造加工的绿色化越来越重要,近年来不用或少用冷却液,实现干切削、半干切削节能环保的机床不断出现,并在不断发展。绿色制造的大趋势将使各种节能环保机床加速发展,占领更多的世界市场。

第7章　认识3D打印技术

人们对于3D打印概念的最初认知可能来自科幻电影,比如电影《十二生肖》,在一台台精密仪器的运作下,各种惟妙惟肖的动物肖像被"打印"出来,有些甚至皮肤、骨骼和肌肉都能被"打印"出来,这些场景看似夸张而虚幻,但又的确与3D打印技术相吻合。客观而言,现实社会中的3D打印技术并非新鲜事物,其概念最初源自19世纪美国的地貌成型与照相雕塑技术。20世纪80年代中后期,美国科学家查尔斯·赫尔(Charles Hull)利用光敏树脂材料,发明了第一台商业3D打印机,但由于价格高昂,起始阶段只是在一些小众群体中传播,主要服务企业用户,几乎没有面向个人的打印机产品。随着时间的推移与技术的升级,以MakerBot系列和REPRAP开源项目为代表的3D打印技术走进了越来越多人的视线,使3D打印的发展与推广成了现实,如春笋般涌现的新创意、新技术、新应用、新发现,揭开了3D打印技术神秘的面纱,使人们感受到了来自科技的神奇力量。

7.1　对3D打印的印象

在多数人看来3D打印还是一个新生事物,但是其应用却涉及众多领域,如航空航天业、汽车工业、现代制造业、医学和生物工业技术等。英国《经济学人》杂志将3D打印视为"第三次工业革命最具标志性的生产工具"。美国沃勒斯合伙(Wohlers Associates)公司的调查报告显示,2012年全球3D打印市场的规模就达到了22.04亿美元,同比增长28.6%。2023年4月,沃勒斯报告(Wohlers Report)显示,2022年所有3D打印材料、软件、硬件和服务的增长率约为23%,全球3D打印市场仍在维持两位数的长期增长趋势。面对3D打印技术的前世今生,不少人将其称为"上上世纪的思想,上世纪的技术,本世纪的市场"。《2013年地平线报告(基础教育版)》将3D打印技术作为远期发展对象,并在次年的报告中将其作为中期发展目标进一步提上日程。

大多数人听到3D打印机时,通常还是会联想到那些老式的桌面二维打印机。其实,普通的喷墨打印机和3D打印机最大的区别在于两者的维度不同,二维打印机通过在平面纸上喷涂墨水完成打印任务;而3D打印机则可以制造出拿在手上的三维立体实物。3D打印技术是一系列快速成型技术的统称,其基本原理是叠层制造,即由快速原型机在X/Y轴坐标方向产生目标物体的截面形状,然后在Z轴坐标方向不断改变厚度的位移,最终形成三维制件。抛开技术原理的不同,单从硬件结构组成上来看,3D打印机与传统桌面打印设备十分接近,都是由控制组件、机械组件、打印头、耗材、介质等元素组成的,打印过程也十分相似:轻点屏幕上的"打印"按钮,一份数字文件被传送到喷墨打印机上,接着打印机将一层墨水喷到纸的表面以形成二维图像;3D打印机也是一样,只需要点击控制软件中的"打印"按钮,控制软件就会通过切片引擎制作出一系列数字切片,然后将这些数字切片的信息传送到 3D 打印机上,后者会逐层进行打印,然后堆叠起来,直到形成一个固态物体。不同之处在于,3D 打印机需要用户事先在电脑上利用各种软件设计出一个完整的三维立体模型,然后进行打印输出,这也正是 3D 打印机体现技术含量的方面。就用户体验而言,两种打印机在制作流程上的不同是不容易被察觉到的,用户能够感受到的最大的区别就在于 3D 打印机使用的“墨水”是真实的原材料,制造出的产品是能够拿在手上的立体的物体。

7.2 3D 打印技术的定义

“3D 打印”的学术名称为“快速成型技术”,或称为“增材制造技术”。“增材”是相对于传统的车、铣、刨、磨等减材制造而言的,增材制造技术是指基于离散-堆积原理,由三维数据驱动直接制造零件的科学技术体系。这一专门技术不需要借助传统的机床、刀具与夹具,而是以物体或零件的三维模型数据为蓝本,利用液体或粉末状的黏合性材料,通过立体成型设备以逐层打印叠加的方式来建构实物。3D 打印主要采用薄层堆叠的工作原理,由快速成型机,即 3D 打印机在 X-Y 平面方向内经扫描形成物件的横截面,而在 Z 方向则做间断性的厚度位移,最终生产出三维成品。可见,3D 打印技术就是将三维客体转换为若干二维平面,并通过叠加堆积的方式进行打印,与传统制造工艺高度依赖车、铣、模具等对原材料进行切削、塑形与成型的机械加工方式存在巨大差异。

作为一系列快速成型技术的统称,3D 打印又进一步细分为紫外线成型技术、熔积成型技术、激光成型技术、选择性激光烧结技术、立体光固化成型技术、分层实体制造技术等专门类别。数字化的制造模式有效降低了制造工序的复杂程度,且无须投入大量人力、物力,便可直接从计算机模型数据中产生任意形状的物件。随着生产制造的难度降低,这一技术逐步走进了公众视野。

7.3 3D 打印技术的前世今生

业界最早被公开承认的 3D 打印技术是 1984 年,美国科学家查尔斯·赫尔发明的将数字资源打印成三维立体模型的技术。他随后又于 1986 年发明了立体光刻工艺,即利用紫外线照射光敏树脂凝固成型来制造物体,之后申请了光固化成型(stereo lithography apparatus, SLA)的专利,并且成立了 3D Systems 公司。1988 年,3D Systems 公司自主研发出世界上第一台 3D 打印机 SLA-250(见图 7-1①),虽然受当时技术水平、工艺条件的限制,机器体型庞大,但它的面世仍然成了 3D 打印技术发展史上的里程碑事件。同年,一位名叫斯科特·克鲁姆普(Scott Crump)的年轻人发明了另一种 3D 打印技术——熔融沉积成型(fused deposition modeling, FDM),核心流程是在喷头内融化原材料,喷出后通过降温沉积固化的方式形成薄层,然后逐层叠加。他在成功发明了这项技术之后也成立了一家公司,并将其命名为 Stratasys。

1993 年,麻省理工学院教授伊曼纽尔·萨克斯(Emanuel Sachs)和约翰·哈格蒂(John

Haggerty)共同研发了三维喷墨粘粉(three dimension printing and gluing,3DP)打印技术,并于 1995 年由麻省理工学院毕业生吉姆·布雷特(Jim Bredt)和蒂姆·安德森(Tim Anderson)修改了喷墨打印机方案,随后他们创立了现代三维打印企业 Z Corporation。1996 年是 3D 打印机商业化的元年,这一年里,3D Systems、Stratasys、Z Corporation 分别推出了各自的 3D 打印产品,并第一次使用了"3D 打印机"的名称。2005 年也是 3D 打印技术的重要年份,Z Corporation 推出了世界上第一台高精度彩色 3D 打印机——Spectrum 2510(见图 7-1②)。同年,由英国巴斯大学机械工程系的讲师阿德里安·鲍耶(Adrian Bowyer)发起的开源 3D 打印机项目 REPRAP 实现了通过 3D 打印机本身打印另一台的想法。2008 年,第一代基于 REPRAP 的 3D 打印机正式发布,代号为"达尔文(Darwin)",后续第二、三代代号均以生物进化领域的科学家名字——孟德尔(Mendel)和赫胥黎(Huxley)来命名。

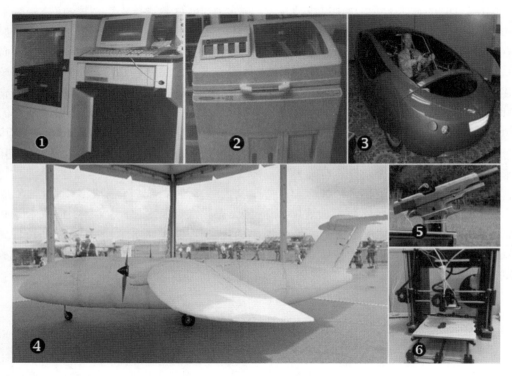

图 7-1　3D 打印产品

注:①为第一台 3D 打印机 SLA-250,②为第一台高精度彩色 3D 打印机 Spectrum 2510,③为首款 3D 打印技术制造汽车——Urbee,④为世界首款 3D 打印技术制造的飞机,⑤为首款 3D 打印技术制造的金属手枪,⑥为生活中的 3D 打印机。

2010 年是 3D 打印机发展明显加速的一年,11 月,世界上第一辆由 3D 打印机打印而成的汽车 Urbee 问世(见图 7-1③),这辆汽车的完整身躯、所有外部件,包括玻璃面板等都由 3D 打印机打印而成,使用的设备主要是 Dimension 3D 打印机,以及 Stratasys 公司提供的数字生产服务项目。2011 年,英国南安普顿大学的工程师们开发出世界上第一架 3D 打印的飞机(见图 7-1④),除马达外所有零件都是由 3D 打印机打印出来的,这架飞机全长不到 4 米,仅重 21 公斤,外形就像迷你版的空客客机,飞行时几乎没有噪声。2012 年,苏格兰科学家首次使用 3D 打印机利用人体细胞打印出人造肝脏组织。这过程中的关键挑战之一就是打印机喷嘴的研发,喷嘴必须具高可控性。制造过程中动作要轻柔,以保护细胞和组织。3D 打印的人造肝脏组织"对于药物研发非常有价值,因为它们可以更确切地模拟人体对药物的反应,有助于从中选择更安全有效的药物"。2013 年,美国得克萨斯州奥斯汀的 3D 打印公司 Solid Concepts 设计制造出 3D 打印金属手枪(见图 7-1⑤)。这把手枪是以 1911 年经典款手枪为原型的,由 30 多件 3D 打印的不锈钢及金属配件组成。

纵观整个 3D 打印机的发展史,我们可以看到,随着 3D 打印技术的多元化以及不断成熟,3D 打印的物品也更加丰富,更加贴近我们的生活。并且,3D 打印机的价格也在逐渐降低。目前,除了百万元级的大型 3D 打印机之外,也涌现出大量面向个人用户的、价格在几千元左右的 3D 打印机(见图 7-1⑥),出现普及化发展趋势。固然,目前的 3D 打印技术还受到诸如缺乏廉价稳定的原材料和成熟的商业应用等诸多限制,但 3D 打印技术已经在珠宝、建筑、教育、汽车、医疗、航空航天等领域显露出了巨大的潜力和价值。随着 3D 打印技术的不断发展与成熟,我们将很快可以看到 3D 打印技术深入我们生活的各个方面,为人们带来更加实用的物品以及生活上的便利。

7.4 3D 打印的技术原理概述

3D 打印并不是一项单一技术,它集机械工程、CAD、逆向工程、分层制造、激光、材料科学、数字控制等技术于一身。简单来说,3D 打印技术就是利用三维设计模型的数据作为输入源,提供给快速成型设备,设备再将一层层的材料堆积成实体原型。3D 打印技术在业界还没有一个明确的分类,但根据成型技术的基本思想,大体上可以划分为两大类别——选择性沉积型和黏合凝固型。从具体实现技术的角度又可以进一步细分,其中选择性沉积型可以分为熔融沉积成型、分层实体制造(laminated object manufacturing,LOM)等,而黏合凝固型主要包括三维喷墨粘粉以及选择性激光烧结(selected laser sintering,SLS)等应用类型。除此之外,还存在一些混合了上述两种基本思想的应用技术,如光固化成型。这些 3D 打印技术都具备一些共同的特点:首先需要对打印物体建立数字模型;然后根据设定的厚度进行分层切片处理,生成二维截面的信息;接着根据各层的截面信息以及工艺特点,制作出二维截面的形状;重复生成二维截面并层层叠加,最终形成三维实体。切片生成的各层厚度可以相等,也可以不等。分层越薄,打印出的物体精度便越高;分层越厚,则打印消耗的时间越短。

3D 打印的主流技术包括 FDM、SLS、3DP、SLA、LOM 等,这些技术的主要区别在于使用的耗材,即原材料不同,以及固态成型方法不同。下面就依次介绍这些技术原理。

7.4.1 熔融沉积成型(FDM)

如今,大多数 3D 打印机都是通过从计算机控制的打印喷头中挤出一种半流体材料来制作物体的,尽管这一过程中可以使用多种材料,包括金属、混凝土、陶瓷,甚至巧克力,但是迄今为止,最常见的挤出材料是熔化的热塑性材料,这种熔融技术的发明者 Stratasys 公司将这种技术称为熔融沉积成型(FDM)。FDM 的工作原理是将热熔性丝状材料通过送丝机构送进喷头,丝材在热熔喷头内被加热熔化,喷头以零件截面轮廓和填充轨迹运动,同时将半流动状态的材料按 CAD 分层数据控制的扫描路径挤出并使其沉积在指定的位置凝固,层层堆积成型(见图 7-2),通过设置喷嘴的个数,采用不同颜色的材料,熔融沉积成型技术可以实现多颜色打印。整个过程也可以理解为:第一步,丝状热塑性材料由送丝机构送进喷头,在喷头中将其加热到熔融态;第二步,熔融态的丝状材料被挤压出来,按照计算机给出的截面轮廓信息,随加热喷头的运动,选择性地涂覆在工作台的制件基座上,并使其快速冷却固化;第三步,完成一层后喷头上升一个层高,再进行下一层的涂覆,如此循环,最终形成三维产品。

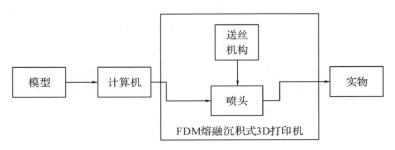

图 7-2　熔融沉积成型技术原理

成立于 1990 年的美国 Stratasys 公司推出基于 FDM 技术的快速成型机后,很快发布了基于 Dimension 系列的 3D 打印机,首个 FDM 专利于 1992 年被该公司获得。

FDM 技术具有以下优点:

(1)价格便宜,运行费用低:无需昂贵的激光设备,且设备构造简单,同时可以应用多种低端的应用材料,因此价格便宜,运行费用也低。

(2)力学性能好:FDM 技术采用熔融沉积原理可直接制造功能性塑料零件,其成型件的力学性能与传统的注塑成型类似,因此,成型件力学性能能直接满足使用要求。目前,FDM 技术已经应用到很多塑料制品的 3D 打印直接制造中(见图 7-3)。

(3)应用材料多样:可采用 ABS 塑料、尼龙、人造橡胶、熔模铸造用蜡等材料制造各种各样的非金属零件或原型。

(4)打印过程中原材料不发生化学变化,并且打印后的物品翘曲变形相对较小,原材料的利用率比较高,且材料寿命长,打印制作的蜡质模型,可以同传统工艺相结合,直接用于熔模铸造。

鉴于以上优点,FDM 设备已经成为目前数量最多、种类最多的增材制造设备。市场上的熔融挤压式的 3D 打印机非常多,特别是面向普通消费者的桌面级打印机,几乎是 FDM 的天下。像 MakerBot 公司的 Replicator 系列打印机、3D Systems 公司的 Cube 打印机等都是采用 FDM 技术的入门级 3D 打印机。除了面向消费者的桌面机外,FDM 在工程机领域也有众多产品,例如 Stratasys 公司生产的 Fortus 系列 3D 打印机,该系列 3D 打印机都采用两个熔融挤压式喷头,一个喷头用于打印实体材料,另一个用于打印水溶性支撑材料。目前,国内大部分 3D 打印设备厂商推出的也都是采用 FDM 技术的设备。

图 7-3　FDM 技术打印的灯和花瓶

7.4.2　选择性激光烧结(SLS)

选择性激光烧结(SLS)技术最早由美国得克萨斯大学奥斯汀分校的德卡德(Deckard)提出,于 1992 年完成商业原型正式推向市场。选择性激光烧结式 3D 打印技术主要是利用粉末材料在激光照射下高温烧结的基本原理,通过计算机控制光源定位装置实现精确定位,然后逐层烧结堆积成型,如图 7-4 所示。选择性激光烧结技术的主要加工过程为:采用铺粉辊将一层粉末平铺在已成型零件的上表面,先将粉末预热到烧结点下的某一温度,然后控制系统控制激光束按照当前层的图形数据在分层上扫描,使粉末的温度升高,粉末中低熔点的成分粘连起来,同时也使当前层与下面已成型的部分实现粘连,在这层烧结完后,工作台下降一层的高度,铺粉辊又在上面铺一层粉末,进行新一层的烧结,直至完成整个零件模型的成型。

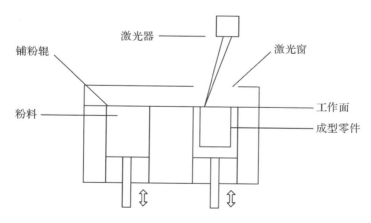

图 7-4　选择性激光烧结技术原理

105

SLS 的技术优点是,可使用的原材料种类众多,包括工程塑料、蜡、金属、陶瓷粉末等,材料既可以是加热时黏度降低的粉末,也可以是混有一种低熔点材料的混合粉末。原材料的多元化优势使 SLS 的成型材料十分丰富,能广泛适应设计和变化的需要,一般制造过程中无须添加任何支撑。零件的构建时间较短,打印的物品精度非常高,采用细微的聚焦激光束进行烧结,因此成型的精度远比 FDM 技术高,可以制出微小的部分;采用精密丝杆逐层铺粉的方式也有利于获得很薄的图层。SLS 3D 打印技术还能够同时用两组粉末材料制造物体,这样的混合粉末具有较高熔点(如玻璃或金属),在涂层时使用较低熔点的材料(如尼龙),能够让激光只熔化熔点低的材料,以便将熔融的粉末颗粒固化。

3D 打印技术中,金属粉末 SLS 技术一直是近年来人们研究的重要方向,实现使用高熔点金属直接烧结成型零件,有助于制作传统切削加工方法难以制造的高强度零件,对快速成型技术更广泛地应用有特别的意义。

7.4.3　三维喷墨粘粉(3DP)

三维喷墨粘粉(3DP)3D 打印技术,又称为三维印刷技术,由麻省理工学院的伊曼纽尔·萨克斯和约翰·哈格蒂所开发。3DP 与 SLS 工艺类似,都采用粉末材料(如陶瓷粉末、金属粉末等)成型,所不同的是粉末材料不是通过烧结连接起来的,而是通过喷头用黏结剂将零件的截面"印刷"在材料粉末上面的,用黏结剂粘接的零件强度较低,还需要后期处理。其主要工作原理是,先铺一层粉末,然后使用喷嘴将黏合剂喷在需要成型的区域,让材料粉末黏结形成部分截面,接着通过不断重复铺粉、喷涂、黏结的过程,层层叠加,以获得最终需要的三维模型。如图 7-5 所示,其中,黏合剂喷头负责 X、Y 轴的运动,在计算机控制下按照模型切片得到的截面数据进行运动,有选择地开关喷头喷射黏合剂,最终构成截面图案。

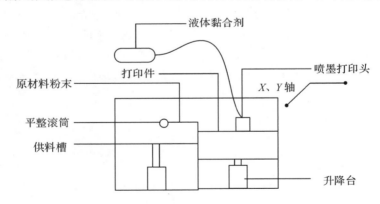

图 7-5　三维喷墨粘粉技术原理

3DP 技术的优势主要体现在成型速度快、无需支撑结构,而且能够打印出全彩色产品,这是目前其他技术都较难实现的。3DP 打印的技术原理同传统工艺相似,可以借鉴很多二维打印的成熟技术,而且可以在黏结剂中添加墨盒以打印全彩色的产品。另外,由于制造相关原材料粉末的技术比较复杂、成本较高,所以目前 3DP 技术的应用是专业应用,桌面级别的应用比较少。

7.4.4　光固化成型(SLA)

光固化成型(SLA)也称为立体光刻成型,是最早发展起来的 3D 打印技术,也是目前研究最深入、技术最成熟、应用最广泛的 3D 打印技术之一。该技术最早由美国科学家查尔斯·赫尔在 1986 年研制成功,并于 1987 年获得专利。该技术用特定波长与强度的激光聚焦到光固化材料表面,使之按由点到线、由线到面的顺序凝固,完成一个层面的绘图作业,然后升降台在垂直方向移动一层的高度,再固化另一层,这样层层叠加构成一个三维实体。SLA 的工作原理如下:在计算机控制下,紫外激光部件按设计模型分层截面得到的数据,对液态光敏树脂表面逐点扫描照射,使被照射区域的光敏树脂薄层发生聚合反应而固化,从而形成一个薄层的固化打印操作。在完成一层的固化操作后,工作台沿 Z 轴下降一层的高度。由于液体的流动特性,打印材料会在原先固化好的树脂表面自动再形成一层新的液态树脂,因此照射部件便可以直接进行下一层的固化操作。新固化层将牢固地黏合在上一层固化好的部件上,循环重复照射、下沉的操作,直到整个部件被打印完成。但在打印完成后,必须将原型从树脂中取出并再次进行固化后处理,通过强光、电镀、喷漆或着色等得到最终产品。

光固化成型技术出现早,经过多年发展,技术成熟度高,其优势体现在打印快,光敏反应过程便捷,产品生产周期短,不需要切削工具与模具;打印精度高,可打印结构外形复杂或者不易利用传统技术制作的原型和模具等。不过,由于 SLA 技术的设备成本、维护成本和材料成本都远远高于 FDM 等技术,因此,目前基于光固化技术的 3D 打印机主要应用于专业领域,桌面级应用尚未真正启动。

7.4.5　分层实体制造(LOM)

分层实体制造(LOM)技术又称层叠法成型技术,最初由美国 Helisys 公司的工程师迈克尔·费金(Michael Feygin)于 1986 年研制成功,后来因技术合作而被引入中国。分层实体制造技术是当前世界范围内最成熟的几种 3D 打印技术之一,主要以片材(如纸片、复合材料等)为原材料。由于多使用纸张,因此制造成本非常低,并且制件精度很高。其工作原理如图 7-6 所示。首先铺上一层箔材,然后用二氧化碳激光器在计算机控制下切出本层轮廓,将非零件部位全部切碎以便除去,当本层部分完成后,再铺上一层箔材,用滚子碾压并加热,以固化黏结剂,使新铺上的一层牢固地粘接在已成型体上,再切割该层的轮廓,如此反复直到加工完毕,最后去除切碎部分以得到完整的零件。

在分层实体制造技术的实际使用中,设备基本会对单面涂有热溶胶的片材通过热辊来完成加热操作,热熔胶在加热状态下产生黏性,使得由纸、陶瓷箔、金属箔等构成的材料黏结起来。上方的激光器按照 CAD 模型分层数据,用激光束将片材切割成所制零件的内外轮廓,然后铺上一层新的片材,通过热压装置将其与下面已切割层黏合在一起,激光束再次进行切割,一直重复这个过程,直至整个零件被打印完成。

LOM 技术的优点在于:

(1)成型速度较快。由于 LOM 无须打印整个切面,只需要使用激光束将物体轮廓切割出来,因而适合用于加工内部结构简单的大型零件。

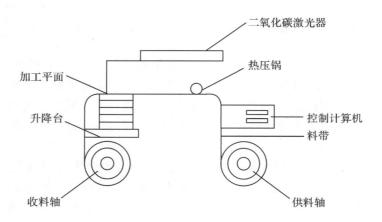

图 7-6　分层实体制造技术原理

（2）模型精度高，并且可以进行彩色打印，同时打印过程造成的翘曲变形非常小。

（3）原型能承受 200℃ 的高温，有较高的硬度。

（4）无须设计和制作支撑，可以直接进行切削加工。

7.5　3D 打印技术在各个领域的应用

7.5.1　医疗领域

3D 打印技术在医疗领域有着非常广泛的应用。例如，国外已经有了运用 3D 打印技术生产出人体细胞的实验。在荷兰，用 3D 打印技术制造的钛下颌骨成功移植到了一位女性患者体内，这种技术不仅节省了材料成本，同时大大缩短了手术的时间，更重要的是通过 3D 打印技术的量身定制，减小了患者受感染以及发生排斥反应的可能性。美国维克森林大学再生医学研究所通过一台混合 3D 打印机制造出可植入人体的软骨。美国有研究机构成功运用 3D 打印技术生产出人造膀胱，虽然还没进入临床应用阶段，但是可以证明 3D 打印技术已向人造器官制造迈出了坚实的一步。通过打印人类胚胎干细胞生成 3D 结构，能造出更精确的人体组织模型，这对药物开发、毒性测试非常有用，可为人类提供可靠的药物而不必再用动物做药物测试，可提供移植器官而无须通过捐献，并能避免器官排斥和免疫抑制所带来的问题。总之，3D 打印技术的不断发展会给人类的医疗带来巨大的发展空间，为有需要的人群解决更多的实际问题。

7.5.2　航空航天领域

在航空航天方面，2011 年 7 月，英国南安普顿大学的工程师成功试飞了世界首架 3D 打印的无人驾驶飞机"SULSA"。这架长 1.5 米、重 3 公斤的飞机从多塞特海岸起飞，在绕行海滩后成功登陆。该项目的领导人之一吉姆·斯坎伦（Jim Scanlan）教授说，该机采用大地测量结构，由工程师和发明家巴恩斯·沃利斯（Barnes Wallis）爵士开发，并在维氏惠灵顿轰炸机上使用,除马达外所有零件都是由 3D 打印机打印出来的。斯坎伦称该机"非常硬、重量轻,而且结构非常复杂",天空不是这项技术的极限——工程师们还准备把它应用在太空领域。使用 3D 打印技术,除了能降低成本以外,还有助于保护生态环境——更轻的飞机所使用的燃油更少,排放的污染物也就更少。在未来的航空业,3D 打印技术有望节省更多的时间、燃料和资金。

7.5.3　个人消费领域

3D 打印技术在个人消费领域同样发挥着重要的作用,个性化定制是 3D 打印最大的卖点。3D 打印机可以根据孩子的个性化需求,打印出符合孩子兴趣的玩具。服装设计师将自己的创意输入电脑,通过 3D 打印机便可以实现自己的想法,看到成品。珠宝加工行业一直以来都追求个性化,3D 打印的出现解决了之前许多好的设计只能停留在概念上而无法实现的问题,缓解了消费者个性化需求和加工成本之间的矛盾。北京市第一家 3D 打印照相馆——上拓 3D 打印体验馆,可满足客户对 3D 体验的需求。工作人员用 3D 投影仪对拍照者进行 360 度扫描,把 3D 数据采集到系统里,把经过预处理的三维模型输入 3D 打印机中,就可以打印了。不论是客户自己的模型,还是想象中的人都可以制作。随着 3D 打印技术的不断发展,这项技术深入人们的消费领域和日常生活只是时间问题。

7.5.4　工业领域

2010 年,世界首款 3D 打印汽车"Urbee"揭开了神秘的面纱。2013 年,量产车型"Urbee 2"正式问世。这款 3D 打印汽车是一款搭载混合动力的三轮车,由车身后置的独轮驱动,Urbee 2 内置 7.6 千瓦·时电池,两个前轮由一对 36 伏特的电动马达驱动,可提供 6 千瓦的巡航动力,最高动力为 12 千瓦,电力驱动行驶里程可达 64 公里,当电力不足时,可切换到内燃机来驱动发电机给电池供电。Urbee 2 包含 50 多个 3D 打印组件,除了底盘、动力系统和电子设备等,超过 50% 的部件都由 ABS 塑料打印而来。汽车的能耗非常低,仅为类似大小普通汽车的八分之一。

另外,通过 3D 打印一栋房子也已变成现实。相较于一般的传统建筑模式,3D 打印房屋的优点在于,建造速度快、灵活性大、精度高、抗震性能好、环保节能等,且可构建出传统方式很难完成的房屋形状,满足个性化需求。由于 3D 打印房屋是利用电脑智能控制,全部使用机械自动化操作,因此比传统建筑节省人力近一半。

7.5.5　教育领域

3D 打印机在欧美国家的一个重要市场就是教育领域,最先应用在高职课堂,之后进入中职课堂。如今在英国,3D 打印作为手工课已经进入职业学校课堂,通过电脑建模,学生可以打印出自己喜欢的产品。加拿大的莱斯布里奇大学开始使用 3D 打印机制造螺丝螺母进行课堂教学,该校教授认为使用 3D 打印技术可以将传统学科中虚拟、抽象的概念通过具体的实物展现出来,有利于激发学生的探索精神。

在美国则开展了 Play Maker 职业学校项目,通过该项目,3D 打印技术在学校成为一门核心课程,学生可以自己设计、打印模型来验证物理理论。3D 打印技术可以根据课程的要求打印出各种教学模型。例如,一个内部结构比较复杂的几何体,已知其两个投影视图,要求补画第三投影视图,这种题型没有一定的制图知识功底和良好的空间想象能力是难以解答的。但是,利用3D打印技术就可以直接打印模型,同时将教育教学过程融入打印过程,图形变成了实物,实物又反映了题目中的第三视图,学生和老师都轻松了不少。可见,3D打印技术通过计算机的模型数据打印出所需的模型,解决了课堂上只能靠视频、图片等才能够讲解的难题。

国内也已经初步开展了3D打印引入职业课堂的尝试,不过由于成本、耗材等方面的原因,目前3D打印技术在职业学校中还未得到普及和推广。2014年10月,同济大学航空航天与力学学院的师生采用当时最新的3D打印技术制造出微型飞机并成功试飞,这在我国尚属首例,充分展示了3D打印技术在教学研究领域中应用的可行性。而3D打印在基础教育领域所产生的最明显的效果是呈现具体的物体,使学生获得深度的感知,相比于在市场上购买一个昂贵的标本供学生观摩,3D打印出来的产品更加经济,且更符合课堂的使用需求。3D打印技术在教育领域的应用将推动教育方式的变革,改变传统的教育模式,更有利于激发学生的发散思维,提高学生的动手能力。当学生脑海中的抽象想法能够通过3D打印机实现时,不仅能够提高他们的学习兴趣,还能够有效培养他们的创造力。

3D打印技术涉及机械、材料、光电等众多学科,而目前职业教育体系中还没有对应的专业,相关课程教学中也缺乏直接对应的专业性环节,更普遍的做法是将3D打印技术作为一门培养学生学习兴趣的选修课。事实上,将3D打印引入各个学科将会更好地促进该项技术的发展,也将更有效地提高学生的学习兴趣和效率。例如:对于职业教育计算机专业来说,可以开设三维建模等相关课程,使学生具备构建精确三维模型的能力;对于职业教育材料专业来说,3D打印需要什么样的材料、成本和效果如何都是本专业学生要学习和研究的课题;对于机电工程专业的学生来说,如何提高3D打印机的机械构件和控制模块的精确度和稳定性,以及提升机械系统的打印效率都将是本专业学生需要解决的问题。

7.6　3D打印的技术优势与前景

了解了3D打印机的基本工作原理后就会发现,3D打印机与传统制造机器的不同之处在于,传统制造设备大部分是通过切割来制造物品,属于"减材制造",而3D打印机则是通过层层堆积形成实物,在专业领域,这样的技术又被称为"增材制造"。在3D打印过程中,计算机发挥着相当重要的作用,如果没有计算机运算并发出指令,那么3D打印机根本无法工作。3D打印机可以将人们数字化、虚拟化的物品迅速还原为实物,将会成为生产制造业的首选设备,其技术优势如下。

1. 制造复杂物品不增加成本
传统的制造行业大都是将毛坯通过切削加工后产出成品,这样不仅会产生大量的难以再利用的废料,还会导致切削刀具的严重磨损,更关键的问题则是对于造型复杂的物体,传统的切削技术难以深入内部进行作业。而3D打印技术正好弥补了这些缺陷——通过输入电子数据,采用薄层叠加的原理,直接生产出所需要的产品。这种方式能够在不产生废料的情况下生产出各种造型复杂的产品,还能省去技术人员的培养成本和升级设备的费用。当面临生产新产品的任务时,只需要导入相应的数字设计文件和新的原材料就可以了。就传统制造而言,物体形状越复杂,制造成本越高,但对 3D 打印机来说,制造一个形状复杂的华丽物品并不比打印一个简单的方块消耗的时间或成本多。

2.交付时间短

采用 3D 打印技术将有效缩短产品供应链,省去向传统供应商提交订单、等待发货和运输过程中所要消耗的大量时间成本。3D 打印可以一体化成型,无须再次组装,这种即时生产的特点会带来商业模式的革新,企业可以根据客户订单来启动 3D 打印机,制造出定制的产品来满足用户需求,也可以按需打印,减少企业的实物库存。如果用户订购的物品都能按需、就近生产,那么这种新的商业模式将最大限度减少长途运输的成本。

3.设计空间广阔

通过 3D 打印可以即时看到自己设计的产品,这将更好地激发设计者的灵感,使用户更愿意投身自己设计、自己生产作品的过程中。从制造物品的复杂性来看,3D 打印相比传统制造业更具备优势。传统制造技术所能生产的产品形状有限,制造形状的能力受制于所使用的工具。例如,传统的木制车床只能制造圆形物品,轧机只能加工用铣刀组装的部件,制模机仅能制造模铸形状,而 3D 打印机可以突破这些局限,甚至能制造出人们在自然界未曾见过的形状,给予用户无限的设计想象空间。

4.多种材料无限组合

传统的机器加工很难将不同种类的原材料结合成单一产品,但通过 3D 打印技术,如今已能实现在同一台机器里运用多种材质进行打印,这些混合形成的材料色调种类繁多,具有独特的属性或功能,因此打印出来的产品不再是单一的颜色。随着打印技术的进步,"净成型"制造将取代传统工艺成为更加节约环保的加工方式,而多彩的产品也将使 3D 打印被越来越多的行业所接受,也会受到更多人的喜爱。

5.不占空间,便携制造

如今 3D 打印机已经开始面向民用市场,越来越多的桌面级 3D 打印机逐渐被百姓接受。就单位生产空间而言,与传统制造机器相比,3D 打印机的制造能力明显更强,例如,注塑机只能制造比自身小很多的物品,而 3D 打印机却可以制造比自身更大的物品。较高的单位空间生产能力、较少的空间需求,使得 3D 打印机更适合家用或办公使用。而且,3D 打印机调试好之后,打印设备可以自由移动,方便用户携带出行,并可以随时使用,无须再专门去打印店打印。

6.实体复制精确

数字音乐文件经过无限次复制,音频质量也不会下降。未来,3D 打印将会把数字精度扩展到实体世界,扫描技术和 3D 打印技术将共同提高实体世界和数字世界之间形态转换的分辨率,我们可以扫描、编辑和复制实体对象,精确创建副本或优化原件。

目前 3D 打印属于前沿技术,在理论上可以将所有材料打印成我们想要的产品,不过在实际操作的过程中还有一定的实现难度。目前,一些发达国家已经可以用 3D 打印技术做出非常精密的产品,如机器发动机的核心部件。美国、德国的 3D 打印技术处于世界领先地位,如德国的 EOS、Concept Laser,美国的 3D Systems 等企业都有自己主导的关键技术。在国内,清华大学、华中科技大学、西安交通大学等高校比较早地开始了 3D 打印技术方面的研究工作,清华大学的生物医学 3D 打印、华中科技大学的粉末烧结技术、西安交通大学的树脂光固化技术等都有非常不错的进展。如今,3D 打印在航空航天工业、汽车工业、医学、生物工业、教育等众多领域都有了广泛应用,也越来越被大家所熟知,其涉及的个性化创意应用,给我们带来一次又一次的巨大惊喜。

7.7 3D 打印技术的社会隐患

任何技术都有其"双刃剑"特性,3D 打印技术也不例外。3D 打印技术简便迅捷、低成本的制造模式,使得生产者只要有打印图纸在手,即使是普通大众也可以轻而易举地制造出想要的实体,甚至包括枪支等危险物品。2013 年 5 月 4 日,美国拥枪组织"分布式防御"(Defense Distributed)的创始人,年仅 25 岁的得克萨斯大学法律系学生科迪·威尔逊(Cody Wilson)历时仅一年,就成功地在得克萨斯奥斯汀试射了全球首支 3D 枪支。"分布式防御"组织称,该 3D 枪支名为"解放者"(Liberator),其主体部分由一台价值 8000 美元的 3D 打印机依照电子计算机中的设计图纸,以逐层喷印方式"打造"而成,除了枪支的撞针为金属外,其余 16 个部件均由 ABS 塑料制成。从"分布式防御"组织所公布的信息来看,"解放者"能够支持不同口径的弹药,并可使用标准手枪弹匣。虽然"解放者"仅仅在试射几发子弹后枪体就碎裂了,但毕竟已是一支具有一定杀伤力的热兵器。

令人备感忧虑的是,"分布式防御"组织将 3D 枪支打印图纸上传至互联网,仅 2013 年 5 月,图纸的下载数量就已超过 10 万余次,这意味着任何人随时随地打印一支可用手枪成为可能。更令人担忧的还不止于此。据悉,该支由 ABS 塑料所制成的枪支,可以成功逃避电子侦测器的甄别。虽然根据威尔逊的设想,"解放者"内应有一个非 3D 打印部件,即一块 6 盎司重的铁块,以使其能被电子侦测器所识别,但一些网络用户往往不会遵循上述规定。通过下载 3D 打印图纸,一些网络用户便可以在私底下制造全塑料的枪支部件,这对电子侦测带来了极大隐患。可以说,"解放者"的出现,实实在在地为 3D 打印技术敲响了一次警钟。

为了验证 3D 打印枪支可能成为犯罪活动的潜在帮凶,2013 年 5 月,英国《星期日邮报》的两名记者将其根据下载设计图纸所制成的 3D 打印塑料枪支偷偷藏匿于衣物中,轻而易举地通过了伦敦火车站的安检系统,顺利将枪支带上了驶向法国巴黎的"欧洲之星"火车。随着此列"欧洲之星"的开动,两名记者从容地从衣物内取出 3D 打印枪支的各项塑料部件并进行组装,仅仅 30 余秒的时间,两人就成功地将枪支装配完成。随后,两名记者将 3D 打印枪支揣在衣服口袋里,并在多个列车车厢内徘徊,甚至,还公然在其他乘客之间,拿出那支 3D 打印枪支拍了多张照片,在实施这一连串的动作过程中,两人始终没有遭到任何人的盘问与阻拦。最终,《星期日邮报》的这两名记者不但顺利躲过了英国安检人员与法国警方的检查,更成功避开了金属探测仪的侦测,携带着这支 3D 打印枪支乘坐"欧洲之星"越过英吉利海峡并抵达法国巴黎。上述事件一经媒体曝光,立即引发了社会各界的不安与担忧,诸多安全专家也坦言,如果《星期日邮报》的两名记者真的是意图不轨者,那么后果可能难以想象。

此外，3D打印技术的其他应用也已为犯罪团伙所利用，比如"打印"读卡器并安装于自动取款机中，借此窃取被害人的财物。或许，3D打印技术在犯罪领域的潘多拉魔盒正在迅速开启。欧洲刑警组织网络犯罪中心专家贝恩斯说："当前的技术发展已超出了我们的想象。因此，我们必须走在技术的前端。只有这样，才能保证对于犯罪分子的有效应对。"

第8章 机械电子工程项目开发

8.1 项目开发要求

8.1.1 太阳能集热器阳光模拟示教系统

太阳能集热器是将太阳的辐射能转换为热能的设备。由于太阳能比较分散,要利太阳能就必须设法把它集中起来,集热器是各种利用太阳能装置的关键部分,因此对集热器的研究和测试非常重要。太阳能集热器在室外自然环境下测试,受到气候条件影响,经常满足不了测试要求。有些地区测试结果误差很大甚至常年不能测试,这对研究太阳能技术带来了很大障碍。室内太阳能测试系统精度远远高于室外测试方法,测试效率较高且重复性好,并且在室内可以模拟各种地区的自然环境,因此,研究室内太阳能集热器测试系统非常有价值。室内集热器测试系统主要由两大部分组成,一是模拟太阳光源的灯场系统,也称为冷天空,在导轨支架系统支撑下引导转动机构产生距离和角度的变化,模拟太阳光的特性;二是集热器测试平台,应用角度传感器与光平衡传感器等方面技术可以自动跟踪太阳运转,使太阳光垂直照射到试验台面,保证跟踪架上产品获得最大太阳辐射能量。整个系统由底座、台架、丝杠、齿轮箱、电机、电脑控制器、传感器、电源等部分组成。太阳能集热器阳光模拟测试系统的研发涉及机械、电子、电气、液压、控制、通信、网络以及光热学等多学科领域技术,属于典型的机电一体化产品。

8.1.2 系统参数和主要功能要求

1. 结构要求

阳光模拟测试系统主要包括两个部分:一个是垂直支架的升降机构,另一个是灯场的转动机构,如图 8-1 所示。垂直支架的升降机构带动垂直支架上升和下降,设计行程为 $4.5 \sim 5\text{m}$,灯场的转动机构可完成灯场的转动,以便调节冷天空的照射范围和角度,具体结构为液压连杆机构,原动力采用液压执行机构,特点为操作简单、动力平稳、响应迅速。设计角度范围为 $0 \sim 90°$。

2. 功能要求

垂直支架的高度 H 和灯场的角度 α 能够调整的目的在于使灯场与下面的集热器测试平台对齐(平行和对准)和满足距离要求(W 根据测试材料的不同,需调整)。因此必须实现阳光模拟测试系统可调整,集热器测试台也需要实现水平方向 X 和角度 β 可调整。

3. 操作要求

(1)可实现手动调整垂直支架的高度 H 和灯场的角度 α。

(2)在下面的集热器测试平台搭建完成后,可实现自动对中调整,即设定好模拟器和集热器平台之间的距离 W 后,可实现四个参数 H、α、X 和 β 的自动调整。

(3)采用可触摸液晶屏。

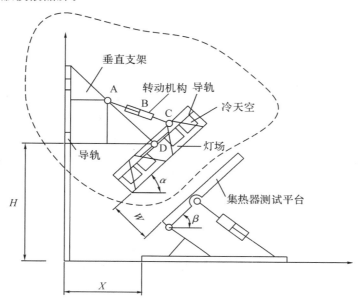

图 8-1　阳光模拟测试系统结构

8.2　项目开发前期准备

8.2.1　技术准备

近年来,世界上很多国家积极利用集热器开展了太阳能与建筑的一体化研究工作,标准的太阳能集热器表面积一般在 2 至 2.5 平方米之间,许多公司推出了新型小巧、便携式产品,比如奥地利推出的 WF13VE2 型屋顶嵌入式集热器表面积只有 1.27 平方米,为了与屋顶完全整合,有的集热器甚至只有 0.5 平方米。随着时代的进步和人们生活水平的提高,用于小木屋、旅行房车、露营、小帆船、户外沐浴等便于携带使用的小型集热器正在越来越多地被使用,集热器制造工艺的提高也为集热器小型化提供了可能,小型集热器测试系统的开发成为必然。研究发现,很多国家拥有先进的大型室内集热器稳态测试系统,如法国国家太阳能所、利比亚国家太阳能测试中心、德国国家太阳能所、巴西国家绿色能源研究院等。我国也开发出 TRM-BL 型太阳能集热器测试系统,但小型集热器测试系统由于市场规模小,成熟的测试技术和产品尚不多见。针对上述问题和现实,我们提出开发一套基于大型太阳能集热器测试平台全部功能的小型测试系统,包括人造天空子系统、集热器测试子系统、中央控制子系统和远程监控子系统。

8.2.2　集热器测试系统整体结构分析

对照真实的大型集热器测试系统,建立小型集热器测试系统的硬件开发模型,进一步将结构分解。可分为 10 个主要的开发模块,详细的分解及说明如下。

阳光模拟子系统包含灯架系统、冷天空、升降车架和升降导轨。灯架上安装了由 8 个金属卤素灯组成的阳光模拟器,每盏灯都有 EPS(emergency power supply,紧急电力供给)电源控制器。灯架的前方装配了冷天空,可以随灯架一起旋转或做垂直运动。冷天空由两片相互平行的有特殊涂层的玻璃组成,冷气流在它们之间穿过。这一组件显著降低了在太阳能集热器和灯之间相互传递的红外辐射,使测试样品处的温度与自然户外温度相当,从而灯架可以自由接近测试平面。升降车架用于调整灯架高度,升降导轨主要由垂直导轨和液压顶缸组成,通过它,人造天空子系统和建筑物连接在一起并可以升降。

集热器测试子系统由集热器支架、X-Y 扫描机器人及其车架、通风单元、恒温器组成,待检测的集热器将被安装在集热器支架上,与灯架的角度和距离可以多样化调节。X-Y 扫描机器人配备以下传感器:准确测量辐照均匀度的照度计、测量风速的风速仪、用来快速测量辐照剂量的太阳能电池。通风单元用来控制集热器表面风速,通风单元的高度可以根据待测试集热器的厚度调整,恒温器用来控制集热器热媒的流速和温度。

8.3　运动台架分系统方案

8.3.1　人造天空子系统开发方案

人造天空运动台架由固定架、电液比例控制升降机构(升降柱塞液压缸、控制阀组、链轮)、电液比例控制灯场机构(摆动液压缸、控制阀组)、油源组成,如图 8-2 所示。升降机构

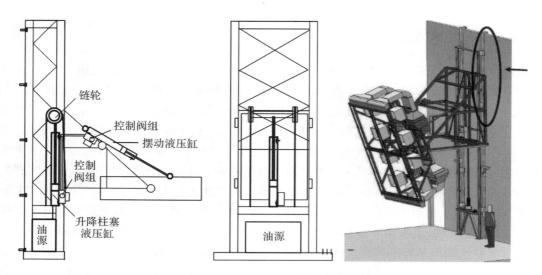

图 8-2　人造天空运动台架结构及实现效果

采用"液压缸＋链传动机构"实现升降运动。灯场机构通过轴承安装在升降架上,其转动由液压缸的动作实现。在链轮转轴处安装编码器,检测升降台架的位置,通过升降油缸控制系统的位置反馈信号,实现闭环控制,以获得升降运动平台的准确位置。在灯场台架上安装角度传感器,以检测灯场台架的角度,通过摆动油缸控制系统的位置反馈信号,实现闭环控制,以获得灯场运动平台的准确角度。

8.3.2　集热器测试子系统开发方案

集热器运动平台由导轨、伺服控制的水平台架(伺服电机、编码器、电控柜、换热器、恒温控制箱)、电液比例控制的集热器台架(扫描机器人、传感器、通风机)、油源组成,如图 8-3 所示。在带轮转轴处安装编码器,检测水平台架的位置,通过伺服电机控制系统的位置反馈信号,实现闭环控制,以获得水平运动平台的准确位置。在集热器台架上安装角度传感器,检测集热器台架的角度,通过摆动油缸控制系统的位置反馈信号,实现闭环控制,以获得集热器运动平台的准确角度。

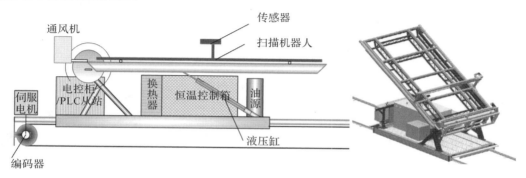

图 8-3　集热器运动平台方案及效果

8.3.3　中央控制子系统开发方案

人造天空和集热器测试平台的运动控制及信号处理系统包括主控模块、数据采集和信号处理模块、机构控制模块。

1. 主控模块

主控模块提供人造天空和集热器测试的人机界面,协调信号处理模块和机构控制模块的运行状态,对突发事件作出及时响应。主控模块以工控机为硬件平台,采用 Windows 操作系统,以触摸屏形式提供人机界面,完成各种操作指令的输入和装置状态的反馈;对突发事件的处理采用中断的方式,由机构控制模块完成应急处理;主控模块与数据处理模块、机构控制模块的通信采用 RS232C 串口。通信方式是半双工异步通信,通信数据传输速率为 19000bit/s。其中主控模块作为通信的发起者,采用监听方式响应通信请求;数据处理模块和机构控制模块作为通信的响应者,采用中断方式响应通信请求。传输过程中采用 3964(R)机制在数据帧加入控制字,通过控制字保证数据传输的完整性和错误检测,控制器与上位机按照自定义的数据帧格式进行通信。

数据传输方在数据传输前向接收方提出数据传输请求,在得到数据接受方应答后开始

117

传输数据。如果在规定的等待时间内没能收到数据接收方发送的应答信号,则数据传输方发出数据传输失败的信息。数据接收方在接收数据后,如果校验数据正确,则发出通信结束的应答信号,数据传输过程结束;如果数据校验不正确,则数据接收方不发送通信结束应答信号,在规定的等待时间后,数据发送方将重新发送数据。

2. 机构控制模块

该模块采用 PLC 控制器完成对人造天空子系统和集热器测试子系统的运动控制和定位控制。根据控制机构的具体要求将机构控制模块分为 6 个子模块,即光场升降控制模块、光场转动控制模块、集热器水平运动模块、集热器转动控制模块、X-Y 扫描器控制模块、应急处理模块。控制流程如图 8-4 所示。

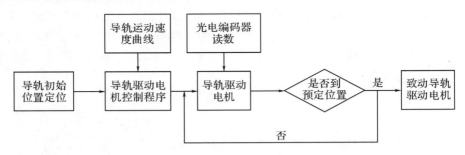

图 8-4　机构运动控制流程

3. 数据采集和信号处理模块

数据采集由数据采集卡完成。考虑到输入信号多,采用外部时钟同步触发(包括数据采集触发和中断响应触发),保证数据采集的同步性。在数据采集完成后,首先保证数据的存储。数据永久存储需要耗费大量的时间,因此采用高速 RAM 存储。数据的实时显示,将占用大量的系统时间,对此采用独立 CPU 完成数据显示任务。数据采集 CPU 与数据显示 CPU 之间的数据交换通过数据缓冲区进行。数据显示 CPU 还进行数据滤波、打印等处理。数据存储选择 ODBC(open database connectivity,开放数据库互联)驱动和 Access 数据库。组态软件支持 SQL(structured query language,结构化查询语言)数据管理,即组态软件可以使用其提供的 SQL 数据控制函数操作 ODBC 数据源。Access 使用简单,功能实用,特别是 Access 提供了直接将数据库中的表转换成 Excel 表格的功能,该部分程序如图 8-5 所示。

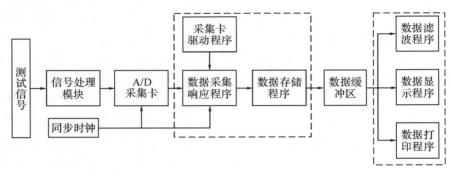

图 8-5　数据采集和信号处理模块程序

数据安全方面,该结构采取了数据双备份的方法保证实验数据的完整性和正确性。通过局域网连接的两台工控机可以互访各自的变量信息,即通过网络连接任何一台工控机都可以得到完整的实验数据。在实现监控组态软件时,可以为每台工控机建立一个实验数据库。两台工控机同时存储试验平台的所有状态信息,如果其中的一台工控机发生故障,则另一台计算机仍可以记录有效实验数据。

8.3.4　远程监控子系统开发方案

1. 监控系统硬件结构

人造天空和集热器测试平台监控系统,兼顾系统的先进性、安全性、经济性、相容性及可扩展性,由 PLC、两台工控机、数据采集器以及组态软件组成。其中组态软件完成人机界面接口与实验数据的采集和管理任务;PLC 完成底层控制任务,包括运动机构控制模块、光源控制模块、冷天空控制模块、集热器恒温模块、数据采集模块。监控系统硬件结构如图 8-6所示。

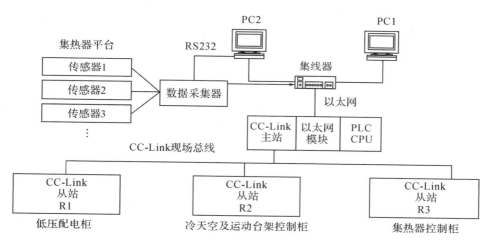

图 8-6　监控系统硬件结构

上位机操作站由两台工控机配备监控组态软件构成。工控机的显示屏采用 17 寸 LCD触摸屏,方便操作员进行各项操作。监控组态软件选用国产软件组态王 6.5,组态王 6.5 具有先进的图形、动画功能,丰富的图库,用户可以方便地构造适合自己需要的数据采集管理系统,并可运用 PC 机丰富的软件资源进行二次开发。两台工控机以相互备用的方式通过以太网与 PLC 相连。它们可通过该局域网进行数据交换。本系统中配置的工控机有两个串口,因为触摸屏占一个串口,所以每个工控机只剩下一个串口。在不扩展串口的情况下,采用工控机 PC1 连接数据采集器,用于测量试验过程中的各种传感器所检测到的数据。PLC 选用三菱 FX 系列产品,PLC 采用 CC-Link 现场总线结构,主控制柜上设置 PLC 主站,再根据设备的分布,在电气设备相对集中的位置设置 PLC 从站,这样可以减少大量接线,节约大量电缆。

2. 监控系统软件结构

两台工控机互为主机与客户端,与监控组态软件结构类似,画面内容一致。数据获取方面,组态王提供了 PLC 的设备驱动,PLC 的数据获取只需要按照组态王提供的驱动帮助进行相应设置就可以实现。组态王提供了变量共享功能,使得运行在两台工控机上的监控组态软件可以相互访问各自的变量。监控系统软件结构如图 8-7 所示。

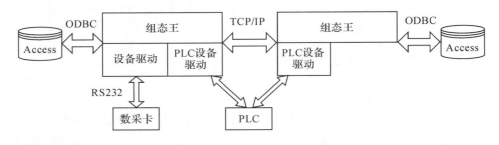

图 8-7　监控系统软件结构

8.4　集热器测试系统教育功能扩展

工作过程是企业为完成一项工作任务并获得工作成果而进行的完整的工作程序。因此,基于工作过程的学习实践活动是建立在真实任务环境下的复杂动态过程。根据认知负荷理论,对于真实情境下复杂学习问题的任务模型及教学设计要考虑两个问题,一是复杂学习内容各个信息单元之间的关系比较复杂,要采用一定的教学策略来降低认知负荷水平;二是随着学习的推进,要不断评定学习者的认知负荷状态以调整教学。集热器测试系统作为帮助学习者掌握行业知识和技能训练的机电产品,对其的开发还要遵循教学系统设计的标准和逻辑。由于该产品具有面向工作岗位的特点,根据工作过程系统化的学习理论,设计过程中要遵循以下几个内在特点:①综合性,基于工作过程的学习理论包括专业能力、方法能力和社会能力三个综合的维度;②动态性,包括对象、内容、手段、组织、产品和环境六个要素;③结构相对固定性,包括资讯、决策、计划、实施、检查和评价六个步骤。基于工作过程的学习模型建立在上述理论基础之上,并在其指导下完成学习系统框架设计。

基于工作过程任务模型的学习系统框架(见图 8-8),首先将学习目标定位到实际工作岗位,根据岗位的需求(知识、技能)确定典型的工作任务,并建立相应的岗位能力标准。能力标准向学习标准转化的过程中涉及四个主要的核心要素:学习情境、学习项目、学习方法和学习资源。其中情境学习应该满足建构主义的基本要求(情境、协作和自主建构),因此学习者必须发挥主动性,学习者之间也必须有交流和合作。学习项目是开展学习任务的载体,将冷天空模块设计、升降台模块设计、恒温系统设计等环节模块化,通过相应的学习方法,转换为适合于技能训练的学习资源,在此基础上进行学习实施和学习评价。学习方法是通过学习实践总结出的快速掌握知识的方法,因其与学习掌握知识的效率有关,因此受到人们的普遍重视。学习资源是指在教学系统和学习系统中所创建的,学习者在学习过程中可以利用的一切显现的或潜隐的条件,不同课程可以根据其不同的性质、特点和教学需要提供不同的学习资源。学习评价的功能具有两方面的作用:一方面,利用评价掌握学生的学习和发展状况,为适应学习者个性特征提供决策依据;另一方面,利用和分析学生在评价中的表现,总

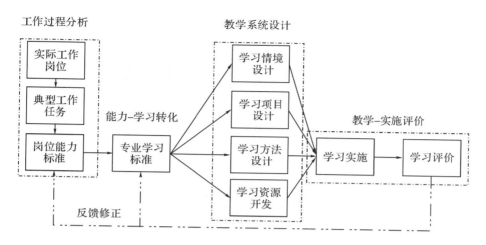

图 8-8 基于工作过程任务模型的学习系统框架

结和改善教学设计,反思教学实施的科学性、技术性和艺术性。在太阳能集热器模拟测试训练过程中,学习要素和评价体系都有了很大的不同,需要建立新的评价标准和方法。同时,该过程是一个复杂动态系统,兼有工程性和学习性特点,评价标准还要建立在操作规范、实训技能、学习模式设计和方法设计等综合基础上。

第9章　机械电子工程教学资源开发

9.1　六自由度机器人

9.1.1　六自由度平台介绍

1965年,英国工程师斯图尔特(Stewart)提出了六轴并联式空间机构。20世纪70年代初,美国出现6-DOF并联机构运动平台的飞行模拟器并制定了系统标准,此后六自由度平台趋向标准化、系列化生产。1978年,澳大利亚机构学家亨特(Hunt)提出平台机构用作并联机器人的主要机构。1979年,英国工程学家范(Pham)和麦克卡利翁(MacCallion)首次利用该机构设计出了用于装配的机器人,从此拉开了并联机器人的序幕。进入80年代,特别是90年代后,六自由度平台越来越广泛地应用于机器人、并联机床、空间对接技术、航空航海设备、摇摆模拟以及娱乐设施上。

空间运动的目标是实现平台在空间运动的三个姿态角度和三个平动位移,即俯仰、滚转、偏航、垂直运动、前后平移和左右平移六个复合运动姿态;而空间目标是通过六个液压缸的行程实现的,这就需要一个空间的运动模型完成空间运动的转换。假设空间运动的目标俯仰、滚转、偏航、垂直位移、前后平移和左右平移用 $\alpha,\beta,\gamma,X,Y,Z$ 表示,六个油缸的行程用 $L(i)$ ($i=1,2,3,4,5,6$) 表示。整个运动模型如下: $L(i)=\mathrm{TT}(\alpha,\beta,\gamma,X,Y,Z)$。其中,TT是一个空间转换矩阵模型。由此可实时算出每一运动时刻液压油缸的理论行程,再通过D/A接口的转换,可得出实际行程值。

9.1.2　多自由度运动控制

多自由度控制系统中,自由度最多为六个,并且六自由度运动控制难度最大,设备及系统最复杂。六自由度运动平台是由六只直线伺服电动缸,上、下各六只万向铰链和上、下两个平台组成。下平台固定在基础上,借助六只伺服电动缸(执行器)的伸缩运动,完成上平台在空间六个自由度($X,Y,Z,\alpha,\beta,\gamma$)的运动,从而模拟出各种空间运动姿态,可广泛应用到各种训练模拟器中,如飞行模拟器、汽车驾驶模拟器、地震模拟器以及动感电影、娱乐设备等,在加工业中可制成六轴联动机床、机器人等。

典型的六自由度平台的结构如图 9-1(a)所示,包括上下运动平台、复合球铰、钢带、滚轮装置、卷筒、伺服电机(伺服电动缸)、电机座、横杆、皮带轮等基本组件,外围控制系统还包括交流伺服电机、伺服驱动器、旋转编码器、伺服控制柜、主控计算机、工控模板和电器组件等,

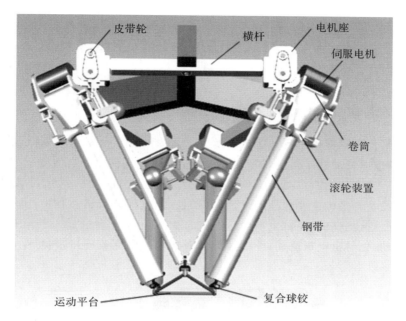

(a) 六自由度运动平台结构

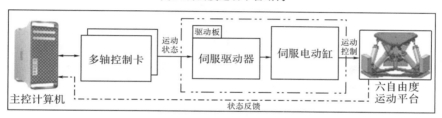

(b) 六自由度运动平台控制原理

图 9-1　六自由度运动平台

其特点是精度高、体积小、无污染、使用简便。

六自由度运动平台的控制原理如图 9-1(b)所示。主控计算机通过六自由度数学模型对空间状态进行实时解算,用户将需要的空间状态和运动轨迹输入主控计算机,空间状态解算程序完成对六个缸运动位移和速度的计算,然后解算结果通过多轴控制卡,经伺服驱动器送给伺服电机,伺服电机带动电动缸推动平台运动,最终实现上运动平台的空间运动状态。

由于应用领域不同,六自由度运动平台的研制涉及机械、液压、电气、控制、计算机、传感器、空间运动数学模型、实时信号传输处理、图形显示、动态仿真等一系列技术。六自由度运动平台的功能主要包括如下四点:

(1)模拟飞机六自由度的运动,包括俯仰、滚转、偏航、垂直升降、横向和纵向直线运动。

(2)模拟飞机因各种飞行条件的变化而引起的运动,如大气扰动和武器发射等。

(3)模拟着陆接地姿态和碰撞以及使用刹车时出现的运动。

(4)模拟接近真实飞机频率时的振动和抖振,以及大气紊流在对应自由度上引起的抖振。

9.2 案例一：六自由度平台教学资源开发

9.2.1 六自由度平台结构特点

六自由度平台广泛应用于各种运动的模拟,如飞行模拟、汽车驾驶模拟、航空航天器对接模拟、地震模拟以及动感娱乐设备等领域。该平台可在空间六个自由度上(三个平移自由度 X、Y、Z 和三个旋转自由度 α、β、γ)运动,从而可以模拟空间的任一姿态。如图 9-2 所示,六自由度平台的基本结构主要包括上平台、下平台、伸缩杆和铰链。其中,上平台是负载的承载台,用于安放被测试的设备;下平台是固定的基座;上下平台通过六根伸缩杆相连,伸缩杆可由液压驱动,也可由电机驱动;伸缩杆与下平台通过虎克铰连接,与上平台通过虎克铰或球铰连接。

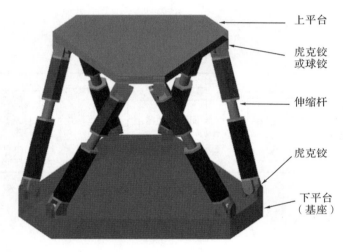

图 9-2　六自由度平台基本结构

1. 液压伸缩杆

基于液压驱动的伸缩杆本质上可视为一个液压缸,如图 9-3 所示。它主要由缸体、活塞、活塞杆、进油口和回油口等组成。由于油液近似不可压缩,当进油口进油时,进油腔内油液增多,推动活塞向增大进油腔体积的方向运动;回油腔体积减小,多出的油液从回流口流出回油腔。通过进出油的控制,动态调整进出油腔的体积,实现活塞及活塞杆位置的调节,从而使活塞杆伸出或缩回油缸,完成伸缩杆长度的调节。

令活塞直径为 D,移动速度为 V,进油管内径为 d,油液流速为 v,则由质量守恒有:

$$\frac{\pi D^2}{4}V = \frac{\pi d^2}{4}v \quad \Rightarrow \quad V = \frac{d^2}{D^2}v \tag{9.1}$$

通常进油管内径 d 远小于活塞直径 D,因此由式(9.1)知活塞的移动速度 V 远小于进油管内的油液速度 v,从而可通过进油速度的调节精确调控活塞的移动速度,但由于活塞移动速度慢,会增加六自由度平台位姿调整的时间。

式(9.1)忽略了油液的可压缩性,且不考虑油液的泄漏。但在大型六自由度平台中,油液的压力通常很高,呈现一定的可压缩性。从图 9-3 中也可看出,活塞与缸体内壁间存在一定的间隙,油液可以通过该间隙从进油腔泄漏到回油腔;另外,管路的弹性变形也会引起油液速度的变化,因此传统的基于液压驱动的伸缩杆不太适合高精度场合。

若进油腔流体压力为 p_1,回油腔流体压力为 p_0,则活塞匀速推进下液压油提供的推进力近似为 $p_1\pi D^2/4 - p_0\pi(D^2-d^2)/4$。若不考虑回油腔压力,则推进力近似与活塞直径的平方成正比,因此液压伸缩杆可承受很高的负载。一般而言,液压式设备功率密度大,在同等功率条件下,体积小、重量轻、惯性小,适合于快速响应和频繁换向的场合。

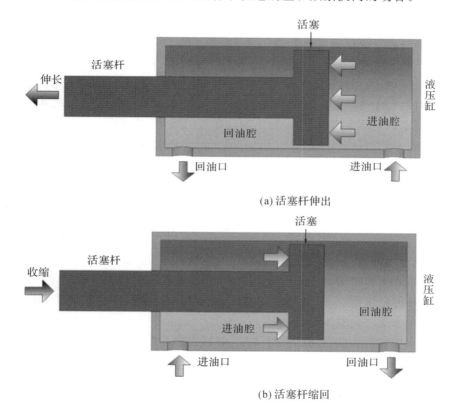

(a) 活塞杆伸出

(b) 活塞杆缩回

图 9-3　液压伸缩杆原理

综上,基于液压驱动的六自由度平台负载大、响应快,但大负载下控制精度较低。另外,需要一个庞大的液压系统作支撑,且需定期更换液压油,系统搭建成本和维护成本较高。

2. 电动伸缩杆

电动伸缩杆即电动缸,将电机的高速旋转运动转换为伸缩杆的直线运动,可通过丝杠副实现。丝杠副的原理与图 9-4 中的往螺栓上拧螺母相似:螺栓固定,在圆周方向上旋转螺母,螺母会获得一个沿螺杆轴向上的进给运动。螺母每旋转一圈(360°),就沿轴向走一个螺距 h。于是,螺栓与螺母存在两个方向上的相对运动:圆周方向上的旋转运动和轴向上的进给运动。这两个运动通过螺纹关联起来:螺栓和螺母在圆周上每相对旋转一周,则轴向上相对进给一个螺距。

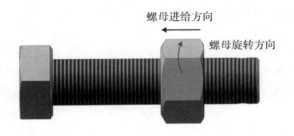

图 9-4　螺母在螺栓上的运动

基于上述分析,如果圆周上以螺母为参照物,即螺栓相对螺母旋转,而轴向上仍以螺栓为参照物,即螺母相对螺栓轴向进给,则为丝杠副的运动模型:螺栓(丝杠)的原地旋转引起螺母的轴向进给。

但螺栓与螺母间的相对运动是沿螺纹的滑动摩擦,摩擦力大且易造成运动副的磨损,为此,在螺栓(丝杠)与螺母间加入滚珠,如图 9-5 所示,把滑动摩擦转变为滚动摩擦,形成滚珠丝杠副,从而使摩擦系数大大降低。另外,滚动摩擦的启动力矩很小,可实现精确的微进给,因此滚珠丝杠副在精密仪器中有着广泛的应用。但低的摩擦力矩也使得滚珠丝杠不具备自锁功能。所以在六自由度平台工作时,需不间断地给电动伸缩杆提供力矩,使其产生或保持需要的运动。

设电机的转速为 n(单位为 r/min),所输出的扭矩为 M(单位为 N·m),负载为 F(单位为 N),若忽略滚动摩擦引起的阻力矩,则根据能量守恒有:

$$M \cdot 2\pi = F \cdot h \quad \Rightarrow \quad F = 2\pi \frac{M}{h} \tag{9.2}$$

即电动伸缩杆所产生的推动力正比于电机的输出扭矩,反比于螺纹的螺距,因此可通过螺距的设计使电动伸缩杆工作在最佳的载荷范围。在六自由度平台工作过程中,只能通过调节电机的输出扭矩来适应负载的变化。

根据图 9-5 中旋转和进给间的位移关系,可得出螺母的进给速度为 $V = nh/60$,即电机转速越大,螺距越大,则进给速度越大。在六自由度平台工作过程中,因螺距固定,只能通过调节电机的转速来达到所需的进给速度。

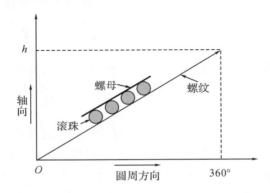

图 9-5　滚珠丝杠副运动原理

与液压式伸缩杆相比,电动伸缩杆不需要一个庞大的外部支持系统,不存在油液的泄漏问题,工作环境干净、噪声低。另外,丝杠螺母间的刚性配合以及滚珠的应用,使得电动伸缩杆易启动且控制精度高。但由于电机功率密度的限制,在大负载高响应的场合还不太适用。总体而言,在常规的工业领域,电动六自由度平台还是很有优势的。

3. 虎克铰

伸缩杆与上下平台间存在相对运动,因此需要通过相应的铰链来连接。铰链提供了相连刚性构件间相对运动的自由度,如门上的合页,提供了一个回转方向的自由度,使得门仅可以按照合页所规定的运动方向运动。虎克铰是一个典型的二自由度铰链,提供了两个转动自由度,如图 9-6 所示。最基本的虎克铰是在一个刚性的十字轴的四端各安装一个滚动轴承,轴承的内圈与十字轴固连,轴承的外圈与转动叉固连。滚动轴承中滚珠(滚针)的存在,使得轴承的内外圈仅可以相对转动。滚珠与轴承内外圈的摩擦为滚动摩擦,摩擦系数小,系统启动力矩小,反应灵敏。

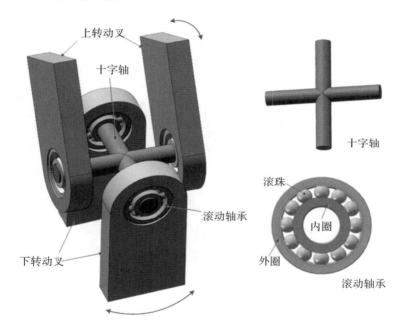

图 9-6 虎克铰结构

对图 9-2 中与下平台相连的虎克铰而言,其下转动叉与下平台固连,而上转动叉与伸缩杆固连,因此伸缩杆可以相对下平台做两个方向的转动。可以认为上下转动平台在运动学上关于伸缩杆对称,也就是说仅有两个转动方向是独立的。但六自由度平台存在三个独立的转动方向,那第三个转动方向由哪个部件提供呢?仔细分析图 9-3 中的液压伸缩杆可知,活塞可以相对液压缸体做周向旋转,而液压缸体与下虎克铰的上转动叉固连,因此液压伸缩杆本身提供了第三个转动自由度——周向旋转。而对电动伸缩杆而言,因电机的周向旋转运动转换为螺母(伸缩杆)的轴向运动,伸缩杆的周向旋转被限制,所以电动伸缩杆不能提供周向运动的自由度。为使电动六自由度平台更好地运动,可以在伸缩杆与上平台间用球铰连接。

　　虎克铰虽存在两个转动自由度,但转动并不是任意的,在一定的转动位置,上下转动叉会发生碰撞。因此,在虎克铰的设计中应根据六自由度平台的运动范围确定虎克铰的最佳运动空间。虎克铰在车辆动力传递中有着广泛应用,被称为万向节。下转动叉的周向旋转可带动上转动叉周向旋转,从而实现扭矩的变向传递。但由于上下转动叉是通过刚性的十字轴连接的,而十字轴要求上下转动叉的转动位置矢量必须时刻垂直,因此当下转动叉匀速旋转时,上转动叉却在变速旋转,而且旋转速度与旋转位置有关。这种变速旋转使扭矩传动不再平稳,从而产生一定的机械振动和噪声。虎克铰的这种缺点在六自由度平台上并不明显,因为六自由度平台上的虎克铰并不是在传递扭矩,而是在传递伸缩杆的轴向位移。

　　虎克铰各部分是刚性连接的,可以保证运动的传递精度和系统的刚度。

　　4. 球铰

　　球铰可以提供三个方向的独立旋转,它本质上是两个同心同直径的球面的配合,如图 9-7 所示。球铰可以自转,这是虎克铰不能做到的。与虎克铰一样,球铰也存在运动干涉,即两个球杆在一定的方位下碰撞。在动力学特性上,球铰不能用于扭矩传递,因此球铰的应用受限。球铰的两个球面为滑动摩擦,为减少磨损,应定期往球铰的两个球面间填充润滑脂。在结构上,也可通过特殊设计在两个球面间加入滚珠,从而把滑动摩擦转变为滚动摩擦。

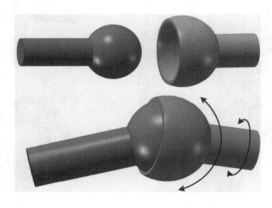

图 9-7　球铰结构

9.2.2　运动学特点

　　在六自由度平台工作过程中,通过主动调节六个伸缩杆的长度,可实现平台的六自由度运动。平台的目标运动往往是给定的,如要求平台沿参考坐标系的 X 轴平移 x_0 或旋转 α_0,或这些运动的组合,这些运动最终要通过调节六个伸缩杆的长度来实现。但如何根据平台的目标运动反求六个伸缩杆的长度就成了一个核心问题。

　　一种思路是试错法,通过不断地尝试来趋近目标运动状态。这里有六个调控自由度和六个目标值,属于多自由度多目标优化问题,对这类问题的求解一般采用广义优化或神经网格类的算法,但这些算法迭代过程长,而且每一次迭代都需要使伸缩杆伸缩一定的长度并且监测伸缩后平台的运动方位,计算与目标方位的差距,然后再进行迭代,直至平台的运动方位十分接近目标值。这种思路不需要对六自由度平台进行运动建模,不需要考虑加工、磨损、变形等引起的误差,因而鲁棒性非常好。但这种思路十分依赖平台空间方位的实时高精度监测,硬件成本过高,而且达到目标方位的时间过长,所以这种思路在六自由度平台的运动控制中应用较少。

　　另一种思路是对六自由度平台的运动进行建模,根据目标方位直接反解出六个伸缩杆的长度变化。其原理是:如果知道伸缩杆两端的铰链中心的坐标,即可根据长度公式求出伸缩杆的长;因下平台固定,故伸缩杆下端的铰链中心坐标固定且可直接测出;上平台存在三个方向的平移和三个方向的旋转,故只需计算出其平移和旋转后的上铰链中心的坐标即可。

　　因上铰链与上平台固连,故可将其视为一个刚性整体。假定在上平台的中心附着一个坐标系,该坐标系随上平台一同平移和旋转,该坐标系称为随体坐标系,上平台的运动就可简化为该随体坐标系的运动。在该随体坐标系中,上铰链中心的坐标恒定,分别为 $(x_i, y_i, 0)$, $i = 1, 2, \cdots, 6$。若该随体坐标系 xyz 绕着自身的 z 轴旋转角度 α,形成新的坐标系 XYZ,如图 9-8 所示,则随体旋转的点 P 在新的坐标系中坐标仍为 $(x_i, y_i, 0)$,但在未旋转的原坐标系 xyz 中,点 P 的坐标却变了。分析表明,旋转后的点 P 在原坐标系中的坐标,等于旋转前的点 P 坐标左乘旋转矩阵 $\boldsymbol{R}_z(\alpha)$,即 $\boldsymbol{R}_z(\alpha)P$,其中 $\boldsymbol{R}_z(\alpha)$ 表示绕 z 轴旋转角度 α 的矩阵,点 P 的坐标应表示为列向量。同理,若绕着 x 轴旋转 α 角,则旋转后的坐标为旋转前的坐标左乘矩阵 $\boldsymbol{R}_x(\alpha)$;若绕着 y 轴旋转 α 角,则旋转后的坐标为旋转前的坐标左乘矩阵 $\boldsymbol{R}_y(\alpha)$。$\boldsymbol{R}_x$,$\boldsymbol{R}_y$ 和 $\boldsymbol{R}_z$ 称为基本旋转矩阵,其他任何旋转都可视为这三种旋转的组合。令 $s = \sin\alpha$,$c = \cos\alpha$,则在直角坐标系中基本旋转的矩阵可表示为:

$$\boldsymbol{R}_x(\alpha) = \begin{bmatrix} 1 & 0 & 0 \\ 0 & c & -s \\ 0 & s & c \end{bmatrix}, \boldsymbol{R}_y(\alpha) = \begin{bmatrix} c & 0 & s \\ 0 & 1 & 0 \\ -s & 0 & c \end{bmatrix}, \boldsymbol{R}_z(\alpha) = \begin{bmatrix} c & -s & 0 \\ s & c & 0 \\ 0 & 0 & 1 \end{bmatrix} \tag{9.3}$$

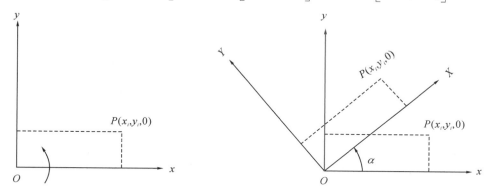

图 9-8　坐标系绕着自身的 z 轴旋转 α 角

　　刚体在空间中的旋转可由欧拉角表示。如图 9-9 所示,旋转前的坐标系为 xyz,旋转后的坐标系为 XYZ,可通过随体坐标系的三次基本旋转由 xyz 得到 XYZ。首先将随体坐标系 xyz 绕 z 轴旋转 α 角,则旋转后的随体坐标系的 x 轴与图中的 N 轴重合;再将随体坐标系绕自身的 x 轴,即现在的 N 轴,旋转 β 角,此时随体坐标系的 z 轴与图中的 Z 轴重合;最后将随体坐标系绕自身的 z 轴,即现在的 Z 轴,旋转 γ 角,此时随体坐标系的 x 轴与图中的 X 轴重合。根据右手定则,即可由 X 轴和 Z 轴定出 Y 轴的方位。分析表明,随体旋转的点 P 在原坐标系中的坐标,等于旋转前的点 P 坐标左乘旋转矩阵 $\boldsymbol{R}$,其中 $\boldsymbol{R} = \boldsymbol{R}_z(\alpha)\boldsymbol{R}_x(\beta)\boldsymbol{R}_z(\gamma)$。

若上平台既有空间的旋转又有空间的平移,设平移矢量为 T,旋转对应的欧拉角为 (α,β,γ),则随上平台一起运动的点 P,运动后在原坐标系中的方位为 $T+RP$。于是根据上平台的目标运动,即给定平移矢量和欧拉角,则很容易求出运动后各点的空间坐标。进而结合下平台各铰链对应的空间方位,根据两点间距离公式,计算出伸缩杆的长度。

由此可见,这种求解思路不需要监测上平台的空间方位,可以一次到位地调整各伸缩杆的长度,因此非常适合于六自由度平台的运动控制。但这种控制方案本质上是开环的,而且难以反映加工、磨损和变形等引起的误差,为此平台初始方位的准确标定就变得非常重要。

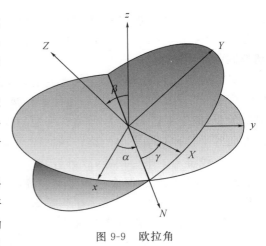

图 9-9 欧拉角

9.2.3 机构学特点

图 9-2 的六自由度平台同时由六个伸缩杆支撑,为并联机构,对称性好,刚度大。而且由上一小节的运动学分析知,该类机构反解容易,易于实现给定运动的控制,因此,这种六轴并联式空间机构自英国工程师斯图尔特于 1965 年提出后,得到了快速发展和广泛应用。它的主要应用分为两大类:六自由度平台和并联机械手。这些应用都离不开六自由度平台的机构特点,与模拟人上臂关节的串联机构相比,六自由度平台有以下突出优点:

(1)不存在悬臂结构,刚度大。
(2)不存在关节间运动误差的累积和放大,精度高。
(3)反解容易,易于实现目标运动。
(4)由六个伸缩杆同时支撑,承载力大。

但与串联机构相比,并联机构的最大不足在于工作空间较小,所以在挖掘机之类的工程机械中,串联机构应用较多。

9.3 案例二:3D 打印无人机教学资源开发(学生项目)

无人机分为固定机翼无人机与旋转机翼无人机。本项目所涉及的是旋转机翼无人机里的四旋翼无人机,由于具备机械结构简单、飞行稳定性好、控制灵活等优势,它具有广阔的应用前景。与传统制造方法相比,3D 打印技术以其加工成本低、加工空间小和加工个性化等特色展现出巨大优势。FDM 技术是 3D 打印技术中较为成熟的一种,它具备打印设备简单、打印操作方便以及打印成本低等优势,适合个性化无人机的开发。本项目首先分析了四旋翼无人机的飞行原理,并对其原始结构进行力学分析,在 3D 打印的基础上对无人机结构进行改进;其次,对 3D 打印过程中容易影响打印质量的因素进行了比较分析,利用 FDM 打印设备对上述因素中所涉及的打印材料、打印温度、填充参数、打印速度进行了开发实验论证,以保证无人机结构的打印质量;再次,本项目以 STM32F103CB 单片机为控制核心,以集成了陀螺仪和加速度计的 MPU6050 芯片为飞行姿态检测模块构建了一套无人机飞行控制系统;最后对无人机进行组装、调试及验证试飞。

9.3.1　无人机结构选型及设计步骤

3D 打印技术的出现,使得传统制造技术难以加工的椭圆形机翼以及金属部件的中空或多孔(蜂巢)结构制造成为可能。本项目将 3D 打印无人机应用于教学,使学生在掌握 3D 打印技术和无人机构造原理的基础上,通过动手实践加强对机电一体化的认识。本项目所描述的四旋翼无人机通过调节四个空心杯电机转速来控制机身的飞行姿态和飞行位置,依据机头朝向与四个旋翼中心的位置关系可分为十字模式和 X 字模式,这里选择 X 字模式,如图 9-10所示。

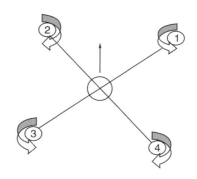

图 9-10　无人机 X 字模式

四旋翼无人机的姿态运动主要有俯仰、偏航与滚转三种,位置运动主要有垂直、前后与侧向三种。无人机旋翼分为正旋翼和反旋翼,正旋翼顺时针转动,反旋翼逆时针转动,电机 1 和 3 配备反旋翼,电机 2 和 4 配备正旋翼。通过维持电机 3 与 4 的转速,同时提升电机 1与 2 的转速,便可实现机身的俯仰运动;通过提升电机 1 与 3 的转速,降低电机 2 与 4 的转速,便可实现机身偏航运动;通过维持电机 1 与 4 的转速,降低电机 2 与 3 的转速,便可实现机身的滚转运动;同时提升电机 1、2、3 与 4 的转速,便可以实现机身的垂直运动。

首先,根据无人机的飞行环境,设计满足抗冲击、振动等要求的结构。其次,基于 3D 打印技术对上述结构进行改进优化。最后,进行无人机整体结构的造型、优化、渲染和打印设计,具体设计步骤包括:①确定产品功能;②确定产品制作材料;③确定产品加工工艺;④确定产品结构。

9.3.2　无人机结构设计整体要求

在进行无人机结构设计之前,首先要明确设计要求。

(1)此无人机在尺寸上需要满足:①体积要小于 100mm×100mm×50mm;②重量要小于 200g。

(2)此无人机面向中职学生教学,需要满足:①外形简单,容易上手,易教适教;②易于拆装、复制和改装;③能够充分激发学生学习积极性,培养学生创造性,提升学生创新能力。

(3)基于 3D 打印技术加工制造无人机,在结构上应相对简单且便于 3D 打印。

针对以上几点要求,可以得知无人机应具备体积小、重量轻、适合中职教育、便于 3D 打印等特点。因此,提出模块化、组装式的无人机结构,该结构的零件加工方便,耗时短且容易组装。主要包含以下几个零件结构:①无人机整体机架;②无人机接收器、电池固定架;③无人机摄像头固定架。

9.3.3 无人机内部结构设计

1. 无人机整体机架设计

无人机机架的主要作用为与接收器、电池、摄像头固定架配合,并且固定无人机飞控、电池、摄像头的位置。机架的三维造型如图 9-11 所示。

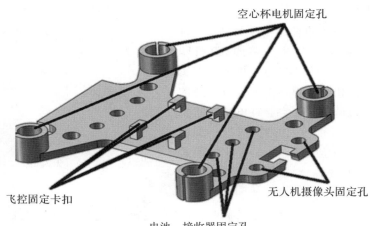

空心杯电机固定孔

飞控固定卡扣

无人机摄像头固定孔

电池、接收器固定孔

图 9-11 无人机机架建模

为了验证无人机机架结构设计的合理性,本项目利用 Solidworks 的 Simulation 功能对无人机机架的三维模型进行有限元分析。选择 PLA 作为机架材料,假设无人机机架底面固定,对电机固定架施加向上的 20N 的力,对机架进行单元格划分,进行静应力分析,分析结果如图 9-12 所示。

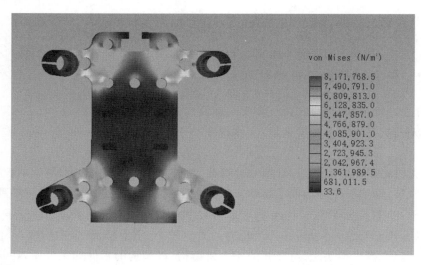

图 9-12 机架有限元分析

由图 9-12 可知,机架的最大变形位于电机固定架边缘部分,最小变形位于机架中心部分,分析结果中未出现受力特别严重的地方,因此,此结构符合设计要求。

2. 无人机上盖结构设计

无人机上盖主要用于接收器、电池固定板在机架上的固定。该上盖有四个作用(见图 9-13):一是固定上盖本身与机架;二是与接收器固定板进行过盈配合,使得接收器能够与机架固定;三是与电池固定板进行过盈配合,使得电池能够与机架固定,且更换方便;四是充当无人机的起落架。另外,设置上盖打孔是为了减小整个无人机的重量。

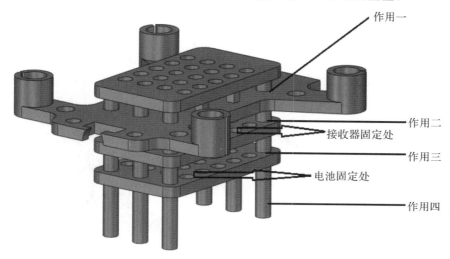

图 9-13　无人机上盖作用

将无人机机架和固定板进行装配,机架上固定好空心杯电机、飞控固定板以及摄像头等部件。机架与固定板采用过盈配合,电池、接收器用胶水粘连在固定板表面,摄像头安放在摄像孔固定处。图 9-14 为无人机爆炸结构。

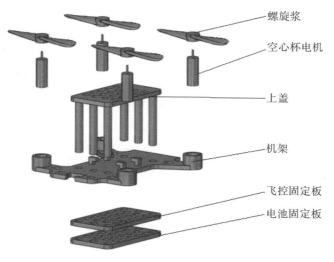

图 9-14　无人机爆炸结构

9.3.4　无人机结构的 3D 打印

以无人机机架的 3D 打印过程为例,打印过程分以下三个步骤:①前期处理,包括无人机的 CAD 模型构造、成型系统的参数设定、三维模型切片;②分层叠加成形,它是整个熔融沉积成型技术的核心,3D 打印机根据已经设定好的参数,在喷头温度以及热床温度都达到设定值的同时开始无人机结构的打印,打印步骤包含单层加工及层片叠加;③后期处理,包括无人机结构与热床的剥离、去支撑、修补、打磨等。

1. 前期处理

1)CAD 模型构造

首先用三维制图软件绘制好无人机机架的三维模型,并将这些模型的源文件格式改为.stl导入成型系统中,如图 9-15 所示。其中,三维制图软件可采用 AutoCad、PRO/E、Solid-Works、UG 等。

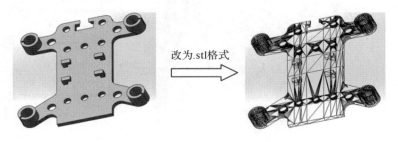

改为.stl格式

图 9-15　三维模型源文件格式改为.stl 格式的转换过程

2. 成型系统的参数设定

本项目所用的成型系统软件为 Repetier-Host,表 9-1 为相关参数设定值。

表 9-1　成型系统相关参数设定值

参数	设定值
材料	PLA
喷头温度	210℃
热床温度	60℃
层厚	0.2mm
填充方式	蜂窝状
填充密度	20%
送料速度	30r/min
挤料速度	60mm/s
填料速度	30mm/s

3)三维模型切片

三维模型切片是指将一个三维模型分成厚度相等的若干层,同时设计好打印的路径,最后生成.gcode 格式的数控代码的过程,如图 9-16 所示。

图 9-16　无人机机架分层切片信息

2. 分层叠加成形

1) 预热

由于打印机需要将材料先融化再挤出冷却成型,因此,打印前喷头和热床的温度都要达到预先设定值。在预热开始到预热结束的每一时刻,喷头及热床的温度都会以曲线图的形式在成形系统中被观察到,因此,在这个过程中要随时做好监控,待预热温度恒定后进行打印。

2) 打印

温度预热结束后,3D 打印机便根据导入的.gcode 格式代码文件开始打印。打印设备的喷头会在 X-Y 平面进行单层加工,当该层已经打印完毕时打印设备通过控制使喷头在 Z 方向移动,并进行层片叠加操作,直至打印出所需模型才停止,如图 9-17 所示。

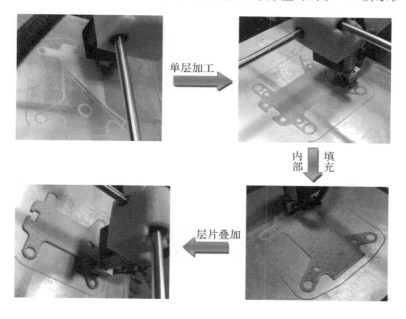

图 9-17　无人机机架的打印过程

3. 后期处理

由于模型打印过程中与热床是粘连的,因此,在模型打印完毕后要先用铲子将它与热床剥离,再对其进行去支撑、修补、打磨等操作。

9.3.5 控制系统的整体结构设计(硬件)

无人机是伴随着嵌入式系统的发展而发展的,嵌入式系统内部包含微处理器 MCU (microcontroller unit),主要用于控制、监视或者作为辅助设备。本项目以 STM32F103CB 单片机为 MCU,以 MPU6050 为姿态数据采集模块,此外,还包括电源模块、无线通信模块、旋翼空心杯电机及其驱动电路模块等部分。整体结构如图 9-18 所示。

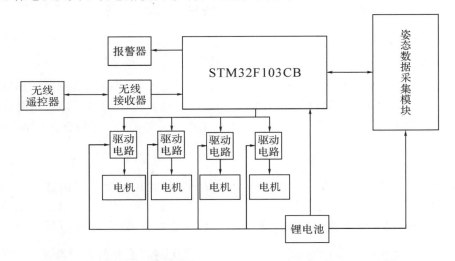

图 9-18　控制系统整体结构

1. 电源模块

要使控制系统正常运行,必须有稳定的电流输入。针对无人机,电源模块还需要保证无人机四个旋翼电机的正常工作。同时,由于使用电池供电,无人机的功耗、续航时间以及电池的重量都需要考虑。电源模块结构如图 9-19 所示。该电源模块将最大电压为 4.35V 的 1s 锂电池升压到 5V,为接收机和其他电子设备供电,最大输出电流为 400mA,当动力电源在 1.8V 到 4.35V 范围内时,此开关电源可以稳定可靠地工作;若低于 1.8V,则会自动报警。

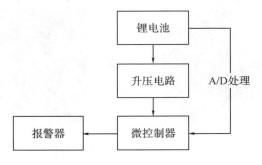

图 9-19　电源模块结构

2. 电机及其驱动电路

微型无人机采用的电机主要有两类:无刷电机与空心杯电机。两者的主要优缺点如表 9-2 所示。无刷电机在有刷电机的基础上去掉了用来交替变换电磁场的换向电刷,它的转子是永磁磁钢;其与外壳固定并与电机输出轴相连;其定子是绕阻线圈,而空心杯电机的转子并没有铁芯,突破了一般电机的转子结构形式。

表 9-2 电机优缺点

电机类型	优点	缺点
无刷电机	负载能力强	耗电,控制复杂,调试过程中容易有安全隐患
空心杯电机	体积小,质量小,转速高,控制简单	负载能力较弱

本项目以制作低成本微型无人机为目标,所以采用空心杯电机,电机额定电压为 3.7V,最大电流为 4.5A,额定转速为 4500r/min,单个空心杯电机的拉力最高可以达到 5g,空心杯的电机驱动电路如图 9-20 所示。通过 NMOS 场效应管 irlm6401 来驱动四个空心杯电机,场效应管 irlm6401 的具体参数如下:①单管峰值电流最高可达 4.2A;②功率最高可达 1.2W;③导通电压最低可至 0.54V。

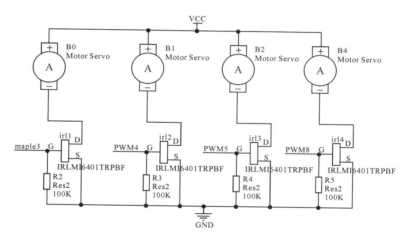

图 9-20 空心杯电机驱动电路

3. 姿态数据采集模块

姿态数据采集模块主要用来感知无人机的航姿信息、飞行坐标以及飞行高度。主要由电子罗盘、加速度计、陀螺仪以及气压计组成。电子罗盘用来感知方向,加速度计用来测试加速度,陀螺仪用来收集角加速度,气压计用来确定飞行高度。(由于本部分内容重点在无人机结构设计以及 3D 打印过程开发,未考虑定高飞行功能,故气压计的功能设计未涉及)

1)加速度计和陀螺仪

本项目的目标是小型化无人机,目前大部分传感器模块都能满足要求。MPU-6050 集成 3 轴加速度计和 3 轴陀螺仪,具备 16 位精度的 ADC 模数转换器,还可以利用 IIC 总线扩展连接其他传感器模块,出于轻便化考虑,本项目选用 MPU-6050 作为无人机加速度计和陀螺仪模块的芯片。MPU-6050 芯片电路如图 9-21 所示。

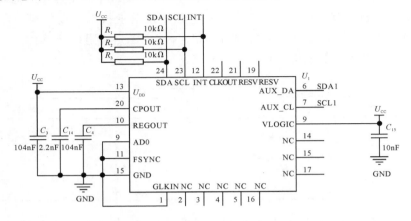

图 9-21 陀螺仪模块芯片电路

2)电子罗盘

电子罗盘主要用于测量磁场强度,并利用一定的算法得出方向偏角。本项目中电子罗盘采用 HMC5883L,如图 9-22 所示。

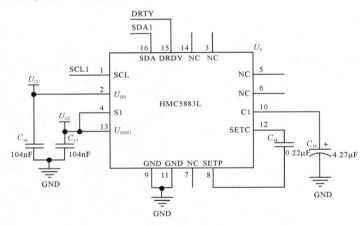

图 9-22 电子罗盘电路

4. 无人机主控模块

无人机主控模块的核心是微控制器(MCU),MCU 主要负责解码遥控接收器收到的脉冲位置调制(pulse position modulation,PPM)信号,采集无人机姿态数据并融合多个数据进行无人机姿态解算,同时以计算结果为依据控制空心杯电机转速。因此,在选择无人机的MCU 时必须兼顾较高的主频以保证运算、控制的实时性,同时尽量降低 MCU 上的功耗以达到更长的续航时间。此外,还应预留一定数量 I/O 口,以确保该设计具有一定的可扩展空间(添加摄像头、GPS 定位系统等设备)。综合考虑,最终选定 ST 公司生产的STM32F103CB 作为主控芯片。该芯片基于 ARM Cortex-M3 架构,工作频率最高达 72MHz,主控模块电路如图 9-23 所示。

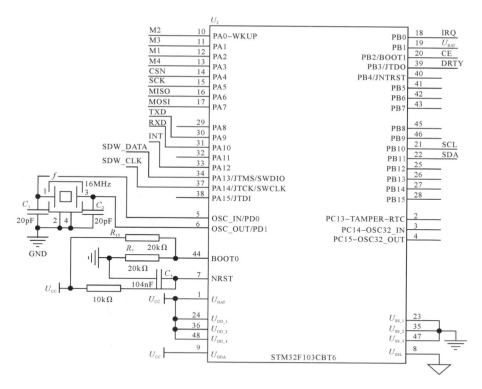

图 9-23　主控模块电路

5. 无人机控制系统实物

控制系统主要作用为通过动力输入接口将电源接入,并通过相应电路为各控制模块以及空心杯电机供电,保证无人机正常飞行。启动时红色电源指示灯间隔 3s 闪烁一次,当蓝色指示灯常亮时,即可通过遥控器对无人机进行飞行控制。无人机控制系统实物如 9-24 所示。

图 9-24　无人机控制系统实物

9.3.6　无人机的组装、调试与应用

1. 无人机的组装

3D 打印无人机全部部件如图 9-25 所示,包括机架、元器件压盖、上压盖、空心杯电机、接收器、飞行控制板等。

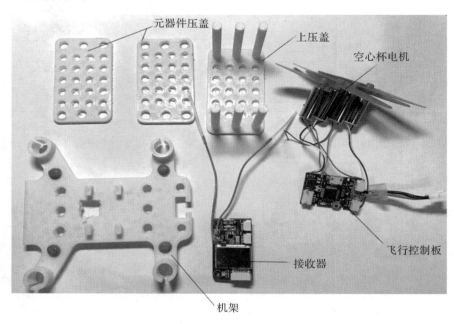

图 9-25　3D 打印无人机部件

1)飞行控制板与空心杯电机的连接

飞行控制板与空心杯电机需要采用焊接的方式连接。由于空心杯电机的导线较细,与连接点的焊接较为困难,因此,在剥去导线末端的绝缘层后,先在各导线头上抹一点焊锡,同时,电烙铁的功率要恰当,功率太低电烙铁无法保持热量,会影响焊接效果。焊接点如图 9-26 所示。

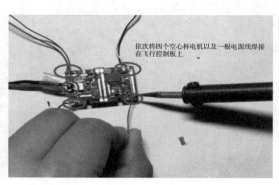

图 9-26　飞行控制板与空心杯的焊接点

2）飞行控制板与接收器的连接

将接收器与飞行控制板连接，这一步十分关键，否则无人机将无法起飞。由于本项目采用的接收器具备输出 PPM 信号的能力，因此，可以直接通过导线将飞行控制板与接收器连接，不必外加 PPM 编码器。需要注意的是，飞行控制板与接收器的连接需要三根导线，通常红黑线为接收器电源线，黄线为 PPM 信号线。为了便于两者连接，本项目采用了图 9-27 所示的专用接线端口，通过插拔的方式将飞行控制板与接收器相连接，便于维修、拆装与调试。

(a) 专用接线端口　　　　　　　　　　　　(b) 插拔式接线

图 9-27　飞行控制板与接收器连接

3）飞行控制板与机架固定

飞行控制板集成了姿态数据采集模块，模块内部的加速度计与陀螺仪对无人机的位置极为敏感。因此，飞行控制板应与机架在同一水平面上且与机架固联。本项目采用卡扣的方式将飞行控制板与机架固定，如图 9-28 所示，不仅能使两者达到一个整体闭锁的状态，而且安装拆卸过程不需要借助任何工具。

4）空心杯电机与机架固定

在将空心杯电机与机架固定之前，要反复检查电机的安装方向。因为本项目采用的空心杯电机有两个是顺时针转动并配有正桨，两个是逆时针转动并配有反桨，根据无人机的飞行原理，转动相同的电机互成对角安装。本项目采用图 9-29 所示的安装方式，避免了由于打印精度问题而产生电机配合间隙的情况。

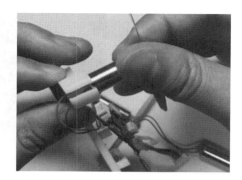

图 9-28　飞行控制板与机架固定　　　　　图 9-29　空心杯电机与机架固定

5）接收器、电池与机架固定

接收器、电池与机架的固定采用轴孔过盈配合的方式。先将上压盖与机架预留孔过盈配合，使得上压盖与机架固定，以避免产生相对运动，然后分别将固定好的接收器、电池的下压盖与上压盖过盈配合，步骤如图 9-30 所示。

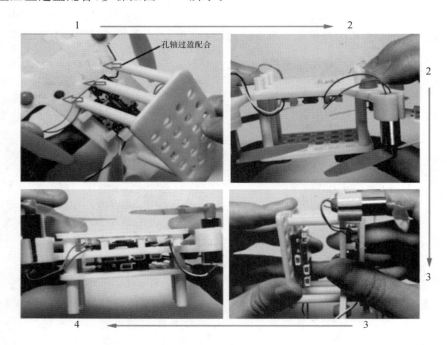

图 9-30　接收器、电池与机架固定

6）组装完毕

经过上述一系列的组装操作，一台完整的无人机已经组装完毕，如图 9-31 所示。由于无人机在飞行过程中的震动是无法避免的，所以在连接处可以加一些胶水加强固定。无人机起飞前，要进行初始化调试，例如传感器、遥控接收器的初始校正。

图 9-31　无人机组装完成

2．无人机的调试

1）初始校正

本项目中的无人机采用 Cleanfight 调参软件进行飞行前的初始校正，它是一款可以简化更新、配置和调节飞行控制板的实用程序，利用图形化的操作界面，在调整飞行控制板参数时不需要额外编写程序。

2）验证飞行

经过初始校正后，无人机内部姿态采集模块初始化完毕，为了防止误推遥控器发射机上的油门导致电机突然转动，一般要通过遥控器发射机解锁后无人机才能正常起飞。解锁后，对无人机起飞、转弯以及降落进行验证，确保该 3D 打印无人机能够正常起飞、转弯以及降落。

3．教学型无人机的应用

1）应用于高空拍摄

该 3D 打印无人机可配备高清的摄像头，再通过与地面基站的结合，便可具备视频录制功能，可以拍摄影像资料，操作人员可以通过电脑进行实时录制并制作视频，例如影视拍摄、高空全景成像等。由于无人机采用开放式的模块化结构，可以根据功能需要进行 DIY 设计改造，配置不同的影像设备，进而能在传统摄像无法捕捉的角度进行拍摄。

2）应用于项目式教学法

项目式教学强调以完成项目为重点，利用项目这一载体，使得学生本着"够用"的原则建立一定的知识体系，从而体现创新教育的思想。项目式教学法主要培养学生主动学习能力，使学生能够具备独立构建自身所需知识体系的能力，从而在实践中提高动手能力。无人机的结构设计与 3D 打印开发过程相结合，将枯燥的课堂理论转换成课程项目，学生通过完成一个个课程项目的学习，将知识串联起来，形成自己的知识体系，使得教育真正回归到实践应用。同时，在进行无人机结构设计过程中，运用了机械设计、机械制图、电气控制、有限元分析等跨学科知识，这些原本在课堂上教师很少讲到的知识，通过一个个有趣的项目串联起来，使学生做完项目后终生难忘，达到寓教于乐的目的。

9.4 案例三:基于 Wi-Fi 技术的 FDM 3D 打印机(学生项目)

3D 打印机逐渐走入教育领域,在培养学生科学、技术、工程、艺术、数学等思维和能力中发挥了举足轻重的作用。本项目针对学生教育教学开发了一款 DIY 型教育领域用的 3D 打印机,利用 Wi-Fi 技术对 3D 打印机进行远程控制。首先利用 Wi-Fi 技术将电脑与电脑连接,使电脑上位机软件能远程对打印机进行实时控制、信号的实时传输和实时反馈,将电脑上 3D 打印切片并软件对模型进行切片并生成程序,将切片程序传输到 3D 打印机主板上。本项目整合了 3D 打印机结构原理以及网络控制模块、3D 打印核心主板(mega2560)、执行组件(42 步进电机和远程检测设备)和串口,内容涵盖:①Wi-Fi 功能模块的原理及开发;②3D 打印机控制系统开发研究;③FDM 打印机机械结构设计和优化;④打印机控制系统的硬件优化;⑤打印机控制程序的编写和参数调校;⑥对打印机进行实物开发制作并与理论方案进行验证。通过近两年两代产品的开发迭代,最终设计出机器的结构部件和控制方案,开发出了一款针对学生教学用的 DIY 型桌面级 FDM 3D 打印机,如图 9-32 所示。

系统方案与开发流程:(略)

图 9-32 利用 Wi-Fi 模块集成设计的打印机以及相关造型

9.5　案例四:3D 打印创意舞蹈机器人资源开发(学生项目)

　　机器人技术和 3D 打印技术相结合,横跨机械工程、电气工程、控制工程及信息工程等多门学科,是目前教学仪器及资源开发领域的研究热点。本项目基于 FDM 3D 打印技术对舞蹈机器人的结构及功能进行研究开发,涵盖以下几个部分内容:①对比国内外舞蹈机器人和仿人机器人的结构特征,从机器人结构设计学的角度对 3D 打印技术在机器人设计方面做了可行性分析;②进行舞蹈机器人的总体尺寸设计、自由度设置、电机和控制板选择,完成整个机器人物理系统的设计;③用 UG 软件对机器人的各个部件进行三维建模并装配;④用 3D 打印机打印机器人的部件,再进行组装;⑤调试机器人并对机器人的关键零件进行力学分析,发现机器人中存在的问题,反复优化系统方案。经过项目小组 1 年左右的开发,最终形成了完整的设计方案,并对由 3D 打印机打印出的机器人部件完成组装,相比于传统的跳舞机器人减少了 6 个舵机,降低了机器人生产的成本,如图 9-33 所示。

　　系统方案与开发流程:(略)

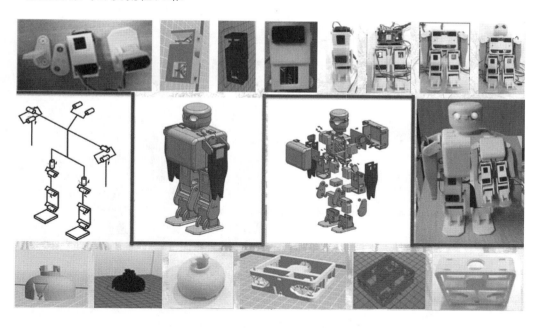

图 9-33　利用 3D 打印设计开发的舞蹈机器人以及相关造型

9.6 案例五：教学组合型 FDM 3D 打印机资源开发（学生项目）

桌面型 3D 打印机因其体积小、操作简单、材料利用率高、成型快的特点，在教学领域的应用不断提升。然而，由于市面上的桌面型 3D 打印机造型较为普通，而且组装过程复杂，因此存在很大优化提升的空间。本项目对市场上已有的桌面型 3D 打印机的造型、色彩以及材质进行对比分析，然后采用模块化的设计，对桌面型 3D 打印机进行外观造型以及内部结构改造，并提出组合型插装式的设计思想，完成多种版本的开发设计方案。具体内容包括：①对市面上已有的桌面型 FDM 3D 打印机进行选型分析，确定 XYZ 型设计对象；②从造型、色彩以及材质三个角度进行方案研究，对比分析不同结构运动单元的运动方式，对内部结构框架进行改良设计；③对打印机各内部模块结合 UG 软件进行三维分析，并对各模块进行外观设计和相应的结构优化设计，例如，在喷头下方设计导风口，将喷头运动模块的光轴与轴承固定架设计成固定连接等；④利用 UG 三维图对组合型的连接方式、固定方式以及中部底座内的电线排布方式进行模拟；⑤设计调查问卷，进行数据分析，持续优化设计方案。本项目开发的 FDM 3D 打印机如图 9-34 所示。

系统方案与开发流程：（略）

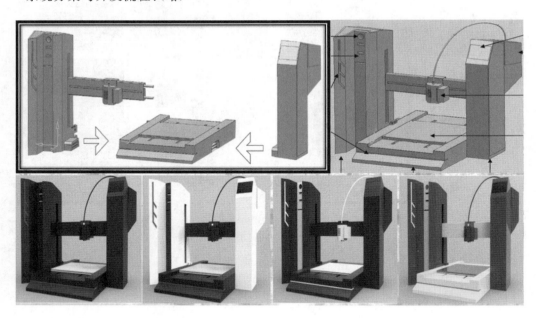

图 9-34　教学组合型 FDM 3D 打印机结构及相关造型

第10章 机械电子工程的未来

10.1 机械电子工程的技术发展方向

10.1.1 家庭应用(home application)

越来越多的家居系统开始嵌入语音控制系统来操控内部机电设备的启停和运转,如此一来,人可以在尽可能少移动的情况下召唤家庭机电服务系统。如今市场上有越来越多的智能设备给人们繁忙的日常生活提供巨大帮助,例如,真空吸尘器除了能完成常规的清洁工作外,还具备自动轨迹、安全防护、语音控制等多种功能;完全成熟的个人数字助理(personal digital assistant, PDA)会根据旅行者的日程安排,预测目的地的天气状况,并自动搭配出行所需要的全套着装;家庭机器人走入寻常百姓人家并不遥远,可以想象一个机器人递给你一瓶啤酒后就去清理你的厨房和卧室了;3D打印设备也许会成为未来家居生活的必备之选,你可能就住在3D打印机打印的房子里,每天早上醒来吃的是3D打印机打印出来的早餐,送给朋友的礼物是自家3D打印机打印出来的独一无二的作品;智能机电设备所提供的安全防护系统能够在突发事件发生时给即将到来的救护人员发送患者的生命体征,并且当特殊代码传来后自动为救护人员开门;远程控制家居系统的空调、电气及报警系统能够预报随时出现的问题并在接受指令后提供实时诊断;智能家居系统除了目前的监控、报警、音乐、娱乐等功能外,还将会适应主人的生活方式,能够区分工作日、周末和假期,并识别日常访客。

10.1.2 医疗健康(medicine and health)

随着科技的进步,机电科技产品逐渐成为那些年老体弱,或者在某种程度上需要护理的特殊群体生活的重要组成部分,使得他们能够自主独立地行动。自2013年世界上首个仿生人出现后,基于环境自适应技术的仿生机器人、人工心脏都已不再稀奇,基于视觉、力觉、触觉等复杂环境下多信息获取与融合技术的仿生肢体甚至器官也已经能植入人们的身体,也许未来所有的器官都可以通过机电仿生技术"制造"出来。通过创建安全的医疗环境,那些需要专门机构护理的人群能够获得自动位置监控和药物治疗。而且,利用遥测设备进行远距离诊断将会逐步取代现有的传统医疗,"家庭医疗保健系统"或"未来家庭医生"将会成为整个医疗体系的一部分,并且比传统的机构护理更加经济有效。可穿戴甚至植入式的家庭医疗保健系统会逐渐接近人们的生活,智能腕带、尿液检测工具、女性智能内衣、智能药片、脉冲血氧仪、疼痛缓解仪已经上市,未来的便捷式智能家庭诊断系统将会把所有穿戴设备获取的数据发送到智能移动终端,如果想进一步了解家庭成员的健康状况,就可以把数据发送给家庭医生或信息医疗中心作进一步解读。此外,还可以实现在一定的条件下让系统自动发出警告的功能,当智能诊断系统传输的数据超过或低于预设的阈值时,医务人员就可以迅速赶到现场提供救护。

10.1.3 交通运输(transportation)

不论是个人还是企业,都与交通运输系统息息相关。近年来,由于电动和混合动力车获得各国政府减税政策支持及政府补贴,其应用人数持续增长。将来,快速充电技术将实现电动汽车的进一步普及,进出智能停车场能够方便地使用充电电桩和电子自动付费系统,氢燃料电池技术将会开拓一个充满前景的商业市场。而随着人们交通出行需求的日益增加,高速公路系统将进一步蓬勃发展。目前,使用应答器[如电子不停车收费(electronic toll collection,ETC)系统]或信用卡支付系统,车辆已经能够在高速收费路口不停车的情况下通过,收据可由终端设备通过网络打印出来。随着汽车的智能化和引导车辆技术的开发,配备自动巡航、泊位和防撞系统的汽车将在特殊车道上实现自动无人驾驶,并利用车载传感器感知车辆周围的环境,根据感知获得的道路、车辆位置和障碍物信息,控制车辆的转向和速度,从而使车辆能够安全、可靠地在道路上行驶,未来有一天也许驾校会消失,传统车辆会被装有全球定位系统(GPS)和激光雷达系统的无人驾驶汽车所取代。现代化大众捷运系统在世界范围内的陆续普及,将使用机电组件的产品逐步应用到了同步站、站台公告系统、自动售票系统以及机车驾驶系统中。长途旅行中,使用磁悬浮技术的超高速列车将变得司空见惯。中国的高铁技术已经输送到全球,未来的高铁将实现全智能化系统管理,乘客从购票到出站可在无人管理的状态下自主操作。在航空领域,超级喷气式飞机将在自动起降系统的引导下以低噪声状态平稳运行,机电系统操控下的自动驾驶装置在未来会变得更加智能化,如能自动观测跑道是否有碎片、机翼是否结冰、是否有飞鸟等,同时能采取有效措施避免事故的发生。

10.1.4 智能制造(intelligent manufacturing)

人们对智能制造的构想或多或少描绘了未来的工业图景,大数据、云计算、物联网、仿真、虚拟现实、工业机器人、机器视觉、人工智能等将继续是人类通往智能制造的必过关卡。德国电气电子和信息技术协会于2013年提出标志性的"工业4.0"项目作为国家智能制造发展的长远目标,"工业4.0"通过充分利用信息物理系统(cyber-physical systems,CPS),实现由集中式控制向分散式增强型控制的基本模式转变,目标是建立高度灵活的个性化和数字化的产品与服务的生产模式,推动现有制造业向智能化方向转型。CPS是一个综合计算、网络和物理环境的多维复杂系统,通过3C(computation、communication、control)技术的有机融合与深度协作,实现制造装备系统的实时感知、动态控制和信息服务。CPS实现了计算、通信与物理系统的一体化设计,可使系统更加可靠、高效、实时协同。"工业4.0"项目主要有两大主题:①智能工厂,重点研究智能化生产系统和过程,以及网络化分布式生产设施;②智能生产,主要涉及整个企业的生产物流管理、人机互动以及3D技术在工业生产过程中的应用等。智能制造装备又以工业机器人为标志,工业机器人是一种集机械、电子、控制、计算机、传感器、人工智能等跨学科先进技术于一体的高端制造业的重要智能装备。随着机械智能化水平的提高,人和机器能够在更广泛的领域深入合作,工业机器人除了作为"大力士"承担很多繁重的"体力活"外,还能够在恶劣环境下或在进行危险作业时提供自动化服务。智能制造装备集制造、信息和人工智能技术于一体,是未来高端装备制造业的重点发展方向。各国政府高度重视智能制造装备的研发和应用,欧美国家和日本已有一系列的研究成果和部分产品面世,德国的"工业 4.0"项目积极推动了制造业向智能化的转型,我国政府也充分认识到智能制造装备的重要战略地位,已出台政策推动智能制造装备产业化水平的提升。可以预见,未来智能制造装备将引领制造业进一步向低碳、节能、高效的方向发展;同时,行业也将在工业机器人、智能机床和基础制造装备、智能仪器仪表、三维打印装备、新型传感器、自动化成套生产线等重点领域获得快速发展与突破。

10.1.5　通信系统(communications)

通信系统通过连接分布式系统元素合成一个基础的机电整合系统,这样的组织传感网络不仅能有效监控所有信息,还可以组成远程护理和电子健康网络,或用来监控智能建筑环境。从另外一个角度讲,先进的通信网络能够支持群机器人间的协同工作、通信和数据共享,进而完成更高级的任务。更大的网络通信系统则是通过射频识别、红外感应器、全球定位系统、激光扫描器、气体感应器等信息传感设备,把物品通过互联网连接起来进行信息交换和通信,以实现智能化识别、定位、跟踪、监控和管理,这便是物联网通信系统。未来随着5G 通信技术和混合云技术、云计算、高级算法的不断进步,人们将可以通过日常使用的手机或 GPS 移动机电装置向云端发送系统指令,实现全面自动化。企业的智能自动化程度将更超出人们的想象。通过交互控制策略支持的操作系统同样支持无人机或海底机车的运行,甚至能遥控指挥在太空运行的飞行器。随着更高级通信技术和算法的突破,也许有一天,人们能自由往返于地球和另外一个星球,无限的太空任人驰骋。哥伦布发现新大陆的故事将继续在太空演绎,也许有一天,人类会收到并破译来自"外星人"的信号,发现广袤的宇宙原来存在如此多的复杂物种。

10.1.6　碳纳米技术(carbon nanotechnologies)

碳纳米技术,有时被称为分子制造,用于描述分子尺度上的纳米工程系统(纳米机器)。无数例子证明,亿万年的进化能够产生复杂的、随机优化的生物机器。在纳米领域,我们希望使用仿生学的方法找到制造纳米机器的捷径。然而,众多科学家和研究者提出:碳纳米技术虽然最初会使用仿生学辅助手段,但最终可能还是会建立在机械电子工程的原理之上。半导体行业广泛使用纳米技术是众所周知的,数以亿计的计算组件被集成到一个芯片中,之后再应用到其他纳米机电设备上,比如,应用到医疗纳米细胞后将在人体内持续工作,进而对人的寿命和生活质量产生积极影响。正如一项研究所讲,积聚的纳米细胞必须比人体细胞还要小,它们通过体内"巡航"修复受损的 DNA,攻击入侵细菌和病毒,清除人体垃圾,同时在分子水平上纠正人体结构。植入式纳米系统通过在人体内进行诊断和护理,能够帮助机体尽早发现异常并进行初始修复,在纳米细胞无法修复的情况下,外部诊疗系统将通过分析病情启动传统诊疗过程。当然,人体植入式设备,比如微泵,会通过传感器检测人体的血液化学成分直接控制药物释放胰岛素。另一个极具潜在价值的机电产品应用领域是微纳米仿生,麻省理工学院的科学家们将高强度的碳纳米管植入其他物体。如植入飞机机翼,则能提高其强度;如植入人体,可加强肌肉和骨骼的硬度。使用纳米技术定制的材料能够在亚分子结构上进行合成,从而保持其固有的特性,如强度和弹性。集成微驱动器的智能材料已经获得应用,它使得桥梁的底座在风暴中变得坚硬,而在地震破坏桥身的情况下变得松弛有韧性。

10.1.7　人工智能(artificial intelligence)

人工智能将在机电技术的发展中扮演非常重要的角色。虽然也许不会出现电影《人工智能》中的场景,但机器人是否会被赋予情感一直是"人工智能"这个概念被提出后最具争议的话题。2016 年 3 月,AlphaGo 与韩国李世石的人机世纪大战受到世人关注,但人工智能依然停留在某个特定领域、基于深度学习技术的弱人工智能阶段。韩国机器人公司"波士顿动力"(Boston Dynamics)推出的一系列能像狗、猎豹和人一样运动奔跑的机器人,能以类生物系统的柔性关节应对不同的地形,但仍然无法实现认知和情感的突破,人类对超人工智能的担忧还停留在想象阶段。目前的人工智能已经能够实现机器视、听、触、感及思维方式的模拟,如表情模拟、指纹识别、人脸识别、视网膜识别、专家系统、逻辑推理、博弈和信息感应等。虽然科幻电影《机器姬》中机器人意识觉醒并和人发生爱情的场景尚未出现,但现实中,将人的思维保留在机器人中的探索从未停止。早在 2010 年由汉森机器人(Hanson Robotics)公司开发的人形机器人"Bina48"问世,这款由玛蒂娜·罗斯布拉特(Martine Rothblatt)根据爱人碧娜(Bina)的形象改造成的机器人,在某些问答上确实达到了真人的程度,具备记忆和独立思考能力,还会表达情绪,内置的仿生器可令她做出高兴、苦闷等各种脸部表情。英国电气工程师学会资深会员、计算机科学家凯文·柯伦(Kevin Curran)博士认为,云计算技术具有改造人工智能的潜力,未来的机器人将更加类似于生命体。特别是 2022 年 11 月 30 日美国人工智能公司 OpenAI 发布聊天机器人程序 ChatGPT 后,短短 4 天时间用户量达到百万级,两个月时间用户量就突破 1 亿,成为史上用户增长最快的应用程序。在 ChatGPT 的裹挟下,未来人工智能将会颠覆多少行业?多少人会因此而失业?人工智能数字机器人是否会以颠覆常规的方式引发新的技术变革?是否会触及新的技术伦理?一切都未可知,值得我们拭目以待。

第11章 技术教育中的伦理和社会性思考

机械电子工程的发展不能止于技术层面,尖端科技的进步势必会带来伦理和社会性方面的影响,我们不妨作简单探讨。2012年,英国一名55岁的男子与他心爱的充气娃娃举行了正式婚礼,那么,在不远的将来,和机器人相亲相爱是否也会成为现实呢?英国"人工智能"专家戴维·列维(David Levy)曾发文作出惊人预言:科幻电影中人类和机器人相爱、发生性关系,甚至人类和机器人结婚,都将于2050年左右在生活中成为现实。列维相信,在不久的将来,机器人不管是外形、动作、性格,还是表达情绪的方式,都将和人类越来越相近,人类将不可避免地和机器人坠入爱河,因而完全有可能和机器人发生性关系甚至结婚。"当这些机器能做出像成年人一样的举动,能实时互动和交谈,那它们就能成为完美的伴侣"。我们要问自己,机器人能否重新设定用于伴侣关系?人类能否与机器人变得亲密?人们会发现,他们不仅要和同龄人竞争,还要与完美的机器人较量。

技术的发展总是一半伴着鲜花,另一半却隐藏着恶魔,机器人的发明也不例外。"致命性自主机器人",又称"杀人机器人",能代替人类自动杀伤对手,这种机器人将从由人类远程操控,逐渐发展至由计算机软件和传感器装置控制,进而全自动执行识别敌人、判断敌情和杀死敌人等任务。2016年7月7日,在美国得克萨斯州达拉斯市举行的反警察暴力执法和种族歧视抗议活动中,一名狙击手向维持秩序的警方开枪,造成警察5死7伤,在对峙数小时后,达拉斯警方首次以远程遥控的方式使用机器人携带炸弹杀死了嫌犯,结束了此次危机,这是历史上第一次用机器人杀人的案件,引发了广泛争议。达拉斯警方使用的机器人非常昂贵,价格约为10万美元,这种类型的地面机器人不能自动运行,要在操作员的控制下才能执行命令,类似型号的机器人被用来在海外危险地区拆除炸弹装置。根据联合国的一份报告,美国、英国、德国、以色列、韩国和日本等国家已经研制出具有战斗能力的全自动或半自动式机器,具体包括美国"宙斯盾"级巡洋舰装备的"密集阵"系统,能自动探测、跟踪并应对反舰导弹和飞机之类的空中威胁;英国的"雷神"无人战机能对敌人进行自动搜索、识别和定位,还能进行自卫,防范敌机袭扰;韩国三星公司研制的"哨兵机器人"能通过自动模式的红外传感器来探测目标;等等。根据美国陆军无人系统一体化部门的公开数据,2004年美国部署了163个地面半自动机器人系统,这一数字到2007年发展到5000个;2005年伊拉克战争和阿富汗战争中,美国成建制地投入了机器人战车;无人机,尤其是执行定点清除任务的"捕食者"和"收割者"无人机,已经被美军投放到各个战场。韩国三星公司研发的哨兵机器人被认为是最接近电影《终极者3》中的杀人机器人,能不分昼夜不知疲倦地坚守在岗位上,并装有多种探测仪器,能够发现几公里外的隐秘威胁,触觉之敏锐非人类士兵可比。自2015年以来,国际社会就已高度警惕杀人机器人带来的危险,试问,当机器人完全充当了战争的工具,硝烟中人性的光辉将荡然无存,那些我们曾经缅怀过的英雄都将彻底成为历史,战争中仅剩下机器冷冰冰的杀戮,那么,机器人技术究竟是带来了人类文明的进步,还是打开了社会黑洞,将人类推至整体毁灭的边缘呢?

经过多年的发展,3D 打印早已进入了普通人的视野。美国 Solid Concepts 公司于 2013 年 11 月 9 日宣称,已制造并测试成功了世界首款金属 3D 打印枪。据英国《每日电讯报》以及美国《探索》杂志在线版的报道,这款 3D 打印手枪经过"精美处理",能做到连续发射 50 发子弹而无一卡壳,而且能在 27 米距离内多次击中靶心。虽然目前打印枪支的价格不菲,但技术进步终会导致生产成本的急剧降低,当枪支能被人轻而易举打印出来的时候,是否意味着社会的黑洞已经打开? 利用 3D 打印技术制造器官和组织也早就不是新鲜事了。2010 年,美国 Organavo 公司就研制出了以生成具有功能性的组织和器官为目标、可以把细胞按分层图样打印的 3D 生物打印机,并利用该技术制作出了可供药物测试用的肾组织。2015 年,澳大利亚的研究人员甚至做出了 3D 打印的脑组织,维克森林大学医学院的安东尼·阿塔拉(Anthony Atala)和他的研究团队创造性地使用新型材料和微通道技术在该领域开展了进一步研究。他们将养分和氧气输送到打印组织细胞中,制作出足够大的活体组织,解决了临床上的尺寸瓶颈问题。这项研究还探索了用人、兔子、大鼠和小鼠的细胞来打印耳朵、骨骼、肌肉和软骨的可能性,并在对老鼠的器官移植试验中获得了成功。随着时间的推移,器官打印技术一旦成熟,必将步入商业化过程,进而产生法律、情感、伦理等诸多社会性问题,甚至在一定程度上会加剧社会阶层分化。试想,富人有经济能力购买器官来延长生命,而穷人却只能眼睁睁死去?"器官"售卖者的资质如何界定? 渠道如何监管? 会不会出现买卖"器官"的黑市? 诸如此类的问题都必须事先解决。

2016 年 5 月 7 日,美国的约书亚·布朗(Joshua Brown)遭遇了一场不幸的车祸。当日他驾驶的汽车,在佛罗里达州莱维县境内的 27 号高速公路上撞上了一辆正在转弯的大型拖挂式货车,他从货车底部穿过,车顶直接被掀翻,驾驶座上的布朗当场死亡。这起车祸的不同寻常之处在于,布朗当日开启了自动驾驶功能,当汽车撞上货车的那一刻,他的双手并没有握在方向盘上。当地警方称,当时他可能正在使用便携式 DVD 观看电影。该汽车制造商的解释是:在强烈的日光照射下,探测器未能注意到大型拖挂车的白色车身,因此未能及时启动刹车系统。无独有偶,同年 7 月 1 日,另一辆使用自动驾驶功能的汽车在宾夕法尼亚州撞上了隔离栏,随后冲入逆行车道,与水泥隔离墩相撞后翻车,所幸无人丧生。即便如此,无人驾驶汽车的发展步伐依然迅猛,国际巨头纷纷涌入该领域。2015 年 9 月,美国优步(Uber)与亚利桑那州政府达成协议,将在亚利桑那州公开测试无人驾驶汽车。沃尔沃早在 2013 年 12 月就启动了"Drive Me"自动驾驶项目,2016 年便推出了第二代 Pilot Assist 系统。同年,福特在国际消费类电子产品展览会上宣布,将开发一套用于无人驾驶汽车的娱乐系统,利用投影仪将车前窗化为一块大屏幕。2014 年,宝马与百度合作,旨在为中国市场开发一款无人驾驶汽车。谷歌(Google)于 2009 年 1 月启动自动驾驶项目 Chauffeur,2016 年 12 月,无人驾驶项目独立成为谷歌母公司 Alphabe 旗下子公司 Waymo。2016 年统计数据显示,美国机动车平均行驶 9400 万英里(约 1.5 亿公里)发生一起导致死亡的车祸;而在全球范围,人驾驶的机动车平均行驶 6000 万英里(约 9600 万公里)就发生一起导致死亡的车祸。在布朗发生车祸之前,其驾驶的汽车采用所谓的"深度学习"算法自动驾驶已安全行驶超过 1.3 亿英里(约 2.1 亿公里),从这一数据看,无人驾驶技术在经过了多年的发展后,虽然仍有很多局限性,但相对于人在驾驶过程中可能出现的各种问题和失误,自动驾驶技术可有效降低风险发生的概率。

不论人们对这项技术的态度如何,未来人类手动驾驶终会让位于无人驾驶,届时人们此刻的担忧会不会成为现实,比如不安全的网络环境、系统故障以及黑客入侵之类的安全威胁? 其实,当技术发展到一定程度时,技术本身并不是阻碍其发展的主要因素,人类可以将飞船分秒不差地送入太空,更何况区区地面行驶器? 更多的问题也许来自安全、伦理和社会性的效应。比如,斯坦福汽车研究中心的克里斯·格迪斯(Chris Gerdes)教授发表过主题为“无人驾驶汽车的行为准则”的演讲,他认为,通常情况下司机只需对自己的驾驶行为负责,而对于一辆无人驾驶汽车来说,驾驶行为的责任就落在了设计无人驾驶系统的开发人员身上,在任何情况下,对无人驾驶行为的判断都必须考虑其中涉及的驾驶场景。他以伦理学领域著名的悖论——“电车难题”为例,进一步对上述观点进行了阐述。在“电车难题”中,当发生来不及刹车的情况时,司机只有两个选择:①保持直行,撞向前面的 5 名路人,其结果可能是 5 人不幸全部撞死;②紧急转弯,结果可能撞死路边的一位行人。接下来的问题是,作为冷冰冰的机器,无人驾驶汽车无法从理智和情感的角度对紧急情况作出决策,人类也无从对机器作出判决,那么,谁将为之接受审判?

参考文献

[1] 陈传锋.微格教学[M].广州:中山大学出版社,1998.

[2] 董建国,龙华,肖爱武.数控编程与加工技术[M].北京:北京理工大学出版社,2011.

[3] 董建国,王凌云.数控编程与加工技术[M].湖南:中南大学出版社,2006.

[4] 董介春.专业实验中心建设与改革的探索[M].实验室研究与探索,2009(12):90-92.

[5] 韩建海,胡东方,杨丙乾.数控技术实验教学改革探讨[J].实验科学与技术,2007,5(5):109-112.

[6] 何玉安.数控技术及其运用[M].北京:机械工业出版社,2004.

[7] 胡斌.高校数控实验室建设的探索与思考[J].装备制造技术,2009(10):130-131.

[8] 姜大源.论高等职业教育课程的系统化设计[J].中国高教研究,2009(4):66-70.

[9] 姜大源.论高职教育工作过程系统化课程开发[J].徐州建筑职业技术学院学报,2010,10(1):1-6.

[10] 黎荣,江磊.开放式数控及柔性制造实验系统的构建[J].实验室研究与探索,2010,55(3):74-77.

[11] 李艳霞,沈旭,韩京海.基于工作过程系统化的机电一体化技术专业课程设计[J].职业技术教育,2010(5):33-35.

[12] 利普森,库曼.3D打印:从想象到现实[M].赛迪研究院专家组,译.北京:中信出版社,2013.

[13] 梁桥康,王群,王耀南,等.数控技术导论[M].北京:清华大学出版社,2016.

[14] 罗然宾.数控技术和装备发展趋势及对策[J].装备制造技术,2006(1):32-35.

[15] 蒲志新.数控技术[M].北京:北京理工大学出版社,2014.

[16] 苏继红.谈微格教学中反馈与评价对师范生从教能力的影响[J].教学研究,2007(3):246-248.

[17] 王鸿森,王培俊,赵崇.数字化实验教学示范中心的建设[J].实验室研究与探索,2009,28(3):205-207.

[18] 吴俊强.构建虚实结合的计算机网络实训室[J].实验室研究与探索,2009,28(11):245-247.

[19] 徐涵.论职业教育的本质属性[J].职业技术教育,2007(1):12-15.

[20] 徐朔.职教师资培养的理论探讨及有关实验[J].职业技术教育,2001(31):21-24.

[21] 杨永强,吴伟辉.制造改变技术——3D打印直接制造技术[M].北京:中国科学技术出版社,2014.

［22］杨振贤,张磊,樊彬.3D打印:从全面了解到亲手制作［M］.北京:化学工业出版社,2015.

［23］余斌,刘远东.工学结合模式下实践教学效能评价的探索［J］.教育与职业,2009(3):155-156.

［24］张炳耀.我国职业技术师范教育情况调查与分析［J］.职业技术教育,2003,24(7):44-47.

［25］张德红,刘军.数控机床操作技能实训［M］.北京:北京理工大学出版社,2010

［26］赵猛,朱洪梅.普通师范院校培养技术师范类人才的研究与探讨［J］.实验室科学,2009(3):147-149.

［27］郑红.数控加工编程与操作［M］.北京:北京大学出版社,2010.

［28］周剑辉,丁芳.基于网络的微格教学环境设计［J］.现代教育技术,2007(1):62-64.

［29］朱学超.高职院校数控实训教学的实践与探索［J］.实验室研究与探索,2008,27(3):157-160.

［30］Altintas Y. Manufacturing Automayion: Metal Cutting Mechanics, Machine Tool Vibrations, and CNC Design［M］. Cambridge: Cambridge University Press, 2012.

［31］Auslander D M, Kempf C J. Mechatronics: Mechanical System Interfacing［M］. Upper Saddle River: Prentice Hall, 1996.

［32］Barron M B, Powers W F. The role of electronic controls for future automotive mechatronic systems［J］. IEEE/ASME Transactions on Mechatronics, 1996,1(1): 80-88.

［33］Bellman R, Kalaba R. Selected Papers on Mathematical Trends in Control Theory［M］. New York: Dover Publications, 1964.

［34］Black H S. Inventing the negative feedback amplifier［J］. IEEE Spectrum, 1977,14(12): 55-60.

［35］Bolton W. Mechatronics Electronic Control Systems in Mechanical and Electrical Engineering［M］. New York: Pearson Education, 2003.

［36］Dorf R C, Bishop R H. Modern Control Systems［M］. Upper Saddle River: Prentice Hall, 2000.

［37］Dorf R C, Dorf R C. The Encyclopedia of Robotics［M］. New York: John Wiley & Sons, 1988.

［38］Dorf R C, Kusiak A. Handbook of Automation and Manufacturing［M］. New York: John Wiley & Sons, 1994.

［39］Fagen M D. A History of Engineering and Science on the Bell Systems［R］. New York: Bell Telephone Laboratories,1978.

［40］Harashima F. Recent advances of mechatronics［J］. IEEE International Symposium on Industrial Electronics,1996, 1: 1-4.

［41］Harshama F, Tomizuka M, Fukuda T. Mechatronics—What is it, why, and how? ［J］. IEEE/ASME Transactions on Mechatronics, 1996,1(1): 1-4.

[42] Ishihara H, Arai F, Fukuda T. Micro mechatronics and micro actuators[J]. IEEE/ASME Transactions on Mechatronics. 1996,1(1): 68-79.

[43] Janocha H. Mechatronics From the Point of View of German Universities[M]. Amsterdam: Elsevier BV, 1993.

[44] Kamm L J. Understanding electro-mechanical engineering-an introduction to mechatronics [R]. New York: Institute of Electrical and Electronics Engineers, 1996.

[45] Kobayashi H. Guest Editorial[J]. IEEE/ASME Transactions on Mechatronics, 1997, 2(4): 217.

[46] Kobe G. Electronics: What's driving the growth? [J] Automotive Industries, 2000, 180(8): 26-27, 29, 31, 33.

[47] Kyura N, Oho H. Mechatronics-an industrial perspective[J]. IEEE/ASME Transactions on Mechatronics, 1996, 1(1): 5-10.

[48] Kyura N. The development of a controller for mechatronics equipment[J]. IEEE Transactions on Industrial Electronics,1996, 43(1): 30-37.

[49] Mayr I O. The Origins of Feedback Control[M]. Cambridge: MIT Press, 1970.

[50] Newton G, Gould L, Kaiser J. Analytical Design of Linear Feedback Control [M]. New York: John Wiley & Sons,1957.

[51] Norberg A L, Brittain J E. Turning points in American electrical history[J]. Technology and Culture, 1978,19(3): 564.

[52] Popov E P. The dynamics of automatic control systems[J]. Dynamics of Automatic Control Systems,1961.

[53] Shetty D, Kolk R A. Mechatronics System Design[M]. Stamford: CENGAGE Learning, 2010.

[54] Shetty D,Kolk R A. Mechatronic System Design[M]. Boston: PWS Publishing Company, 1997.

[55] Tomizuka M. Mechatronics: from the 20th to 21st century[J]. Control Engineering Practice,2002(10): 877-886

[56] Tomkinson D, Horne J. Mechatronics Engineering[M]. New York: McGraw-Hill, 1996.

[57] Valentino J V, Goldenberg J. Computer Numberical Control[M]. New York: Pearson Education,2013.

[58] Zhang D L. Remarks on development of industrial robots in China[C]. 2nd Asian Conference on Robotics and Applications, 1994.

[59] Zhang Y P, Xiong G L, Xu L W. Information sharing system in concurrent engineering environment[C]. Proceedings of 3rd Industrial Automation, 1994.

附　　录

"机械电子工程"职教师资本科专业培养标准
（提交审议稿）

根据《中华人民共和国高等教育法》《中华人民共和国职业教育法》《中华人民共和国教师法》《中等职业学校教师专业标准（试行）》《教师教育课程标准（试行）》，特制定《"机械电子工程"职教师资本科专业培养标准》（以下简称《培养标准》）。本《培养标准》是全国设置机械电子工程类职教师资本科专业的培养培训基地指导专业建设、进行教学质量评估的基本标准。各培养高校可根据自身定位和办学特色，依据本《培养标准》制订本单位机械电子工程类职教师资本科培养计划，对本《培养标准》中的条目进行细化规定，但不得低于本《培养标准》相关要求。鼓励各培养单位高于本《培养标准》办学。

1　概述

职教师资人才培养的关键，是让职业教育教师具备两类能力，即专业能力和教学能力。专业能力指掌握某一学科扎实的理论知识，而教学能力一般指掌握专业教学法、教育学和心理学知识等。此外，作为职业教育教师，还应当重视学生的思想品德和身心健康，促进学生职业能力的发展。与普通高等院校机械电子工程专业的培养目标相比，职教师资人才培养应更加体现"技术性"和"职业性"。

从职业教育的目标出发，职业教育师资培养非常强调学生的实践能力，以体现教学内容的"应用性"。而机械电子工程专业学生实践能力的培养除了要充分利用校内实践基地（例如金工实习、工程训练）之外，还需要跟校外企业建立良好的合作关系，给学生提供更多的校外企业实习机会，帮助其提升动手能力和实际操作水平，积累工作场景经验。因此，在职业教育师资培养过程中，实践能力和理论基础同样重要，甚至在某些课程设置中，实训课时可以多于理论学习课时。

从职业教育的定位出发，职业教育师资培养以学生就业和学习产出为导向，就业的第一目标是到职业院校担任机电类专业教师。因此，职业师资人才培养应该属于教师教育范畴，学生必须在四年本科学习阶段掌握教师教育的基本理论和教学技能。这对职教师资人才培养的课程设计和教学实施来说，无疑是一个系统的、长期的改革探索和实践任务。

2　适用专业范围

2.1　专业名称及代码

机械电子工程　　080204

2.2　本培养方案对应中等职业学校主要专业（但不限于）

机电技术应用（051300）、机电设备安装与维修（051600）、机电产品检测技术应用（052300）。

3 培养目标定位

培养适应现代社会经济发展需要,具备机械工程、电子技术、控制工程和教育教学的理论知识,能够解决机械电子工程领域的工程实践问题,从事相关领域工程技术开发,承担中等职业技术学校机电类专业教学、相关行业企业职业培训和教育管理等工作的高级复合型专门人才。

4 培养规格

4.1 知识要求

4.1.1 工具性知识

包括数学、外语、计算机与信息技术应用、数据库使用、文献检索、社会调查与研究方法、专业论文写作等。

4.1.2 专业性知识

包括机械电子工程领域的历史、现状和发展趋势;机械工程、电子技术、控制工程的基本理论、基本知识;中职学校学生心理特点、认知水平和状态;职业教育教学的相关理论知识、机电专业课程的教学方法与策略等。

4.1.3 人文社会科学、自然科学

人文社会科学知识是指文学、历史学、哲学、伦理学、政治学、艺术、社会学、心理学、逻辑学等知识;自然科学知识是指物理学、化学、地球科学、生命科学、环境科学、能源科学等知识。

4.2 能力要求

4.2.1 专业能力

具有正确识读并设计机械零件和装配图的能力;具有安装、调试典型机电设备并进行简单故障维修的能力;具有设计、开发简单机电产品的能力;具有组织、协调并运作基本机电工程项目的能力;具有判断、识别并解决机械电子工程专业复杂问题的能力。

4.2.2 专业教学能力

具有运用案例教学法、模拟法、模块法等多种理论与实践相结合的方法,有效实施教学的能力;具有利用现代化信息手段和技术从事机械电子工程领域教育教学的能力;具有组织学生进行校内外实训实习和安排实训实习计划的能力;具有从事机械电子工程领域课程开发的能力;具有运用考试、实习考核、综合素质考核等多元评价方法,全过程评价学生发展的能力。

4.3 职业素养要求

具备良好的思想道德修养和社会责任感;具有良好的生活习惯、健康的心理与体质;树立育人为本、德育为先、能力为重的教育理念,注重学生全面发展;具有广泛的科学、技术、工程、数学知识以及扎实的人文素养;具有良好的人际沟通能力和团队合作精神。

5 学制和学分要求

基本学制:4 年

学分要求:总学分不低于 150 学分,其中实践教学总学时(学分)不少于总学时(学分)的30%。职业学校教师教育必修课程不少于 10 学分,在中等职业学校教育见习、教育实习不低于10 周。

6 课程体系(见图 1)

6.1 课程设置

课程由学校根据自身的办学特色自主设置,本《培养标准》主要对通识基础课、大类基础课、专业核心课的内容提出基本要求。各校可在该基本要求之上增设课程。

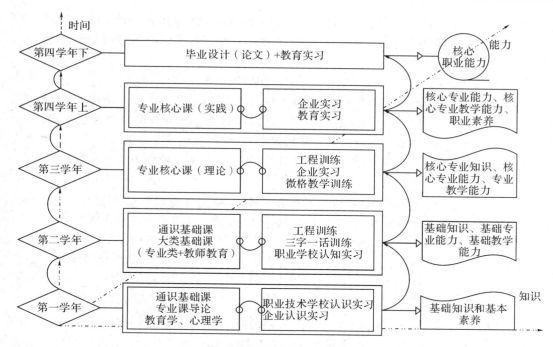

图 1　机电类职教师资培养课程体系

6.1.1　通识基础课（至少 69 学分）

通识基础课包括思想政治理论、数学、自然科学、外语、计算机及程序设计基础等。其中,数学包括线性代数、微积分、微分方程、概率和数理统计等课程。自然科学包括物理和化学,也可考虑生命科学基础等。

6.1.2　大类基础课（至少 54 学分）

大类基础课分为专业课程和教师教育课程。其中,专业课程包括机电类职业教育专业导论、工程制图、工程力学、材料力学、机械设计基础、机械制造基础、机电液传动、电工技术、电子技术、微机原理与应用、互换性与技术测量、电子线路 CAD 及仿真、控制理论与技术等相关科目;教师教育课程包括职业技术教育学、心理学、现代教育技术、多媒体课程资源开发、职业学校机电专业教学法等。

6.1.3　专业核心课（理论类至少 24 学分）

专业核心课分为理论类与实践类课程。理论类包括机电传感检测技术与应用、机电一体化系统设计与应用、电器控制技术与 PLC 编程、机电系统单片机控制技术、液压与气压传动、数控技术、教学测量与评价、职业教育研究方法等,至少占 24 学分;实践类包括职业教育教师技能训练、机电一体化综合实训等。各校可根据自身优势和特点设置有特色的专业核心课程。

6.2　实践环节（至少 80 学分）

6.2.1　拓展实践

拓展实践旨在提升学生专业技能,培养团队合作意识、创新意识以及帮助学生形成正确的世界观。主要包括社会实践、公益活动、生产劳动、技能训练及资格证书等形式。其中,技能证书的类别与等级由各高校根据培养目标自行确定。

6.2.2　专业实践

专业实践课程是指以培养学生职业技能、职业能力为主要目的的专业课程,学生既可以巩固理论知识,又可以将理论知识运用到实际中,从而更加理解和深化专业知识,因此实践类课程是机电类职教师资人才培养的重要环节。形式主要为企业认识实习、工程训练、实验课程和企业实习。

1)企业认识实习

学生通过企业认识实习,建立机电专业基础知识的初步概念;深入实际与工厂企业及其专业技术人员接触,培养和锻炼交流能力;接触各类机电产品,初步了解其结构、设计、制造、销售、使用或维护等方面的知识;了解机电专业技术人员的工作职责范围和环境氛围,初步确立自己的专业目标,为制订专业修读计划提供参考;了解机械行业在国民经济建设中的地位和意义,了解机电行业的现状、水平和发展趋势,树立利用所学的知识为社会服务的意识。

2)工程训练

学生通过系统的工程技术学习和工艺技术训练,提高工程意识和动手能力。包括机械制造过程认知实习、基本制造技术训练、先进制造技术训练、机电综合技术训练等。

3)实验课程

实验类型包括认知性实验、验证性实验、综合性实验和设计性实验等,培养学生实验设计、实施和测试分析的能力。

4)企业实习

在企业中观察和学习各种加工方法;学习各种加工设备、工艺装备和物流系统的工作原理、功能、特点和适用范围;了解典型零件的加工工艺路线;了解产品设计、制造过程;了解先进的生产理念和组织管理方式。培养学生工程实践能力、发现和解决问题的能力。

6.2.3　科技创新活动

科技创新活动是指组织学生参与科学研究、开发或设计工作,培养学生的创新思维、实践能力、表达能力和团队精神。科技创新活动应包括学科竞赛、科学研究、优秀学术成果等。

6.2.4　职业教育教师技能训练

组织大学一年级学生到职业学校进行认识实习;大学二年级学生主要是三字一话的训练和职业教育认知实习;大学三年级学生结合所学的专业课程和专业教学法进行微格教学;大学四年级学生到职业学校中进行教育实习。

6.2.5　毕业设计(论文)

培养学生综合运用所学知识分析和解决实际问题的能力,提高其专业素质,培养其创新能力。

1)选题

符合本专业的培养目标和教学基本要求,应有一定的知识覆盖面,尽可能涵盖本专业主干课程的内容;尽可能来自生产、科研和教学的实际问题,具有实用价值,使学生的创造能力得以充分发挥。

2)内容

毕业论文在内容上应体现学生综合运用专业知识的能力、熟练运用各种研究方法的能力、对问题进行逻辑分析和归纳总结的能力。毕业论文应遵守学术道德和学术规范。

3)指导

毕业设计(论文)应由具有丰富教学和实践经验的教师或企业工程技术人员指导,鼓励学生提前下实验室参与科学研究活动,支持和组织学生到企业或者中职学校进行毕业设计(论文)。实行过程管理和目标管理相结合的管理方式。

7　教学安排

各校可以参照该教学安排依据实际情况进行适当调整,设置选修课程(内容略)。

8　培养基本条件

8.1　师资队伍

8.1.1　专业背景

(1)均具有本科及以上学历;

(2)具有五年及以上教龄的教师人数占50%以上。

8.1.2　实践背景

(1)具有企业或社会工程实践经验的教师人数占20%以上;

(2)从事具有工程设计背景的科研项目的教师人数占30%以上;

(3)具有企业或职业学校实践经历的教师人数占不低于20%。

8.1.3　教师队伍建设

(1)核心课程及重要必修课必须配备2名以上有丰富教学经验的教师组成授课团队,其中教授占任课教师总数的20%以上,任课老师中博士学位获得者须达到一定比例;

(2)在教师培养与培训方面有较好的专业课程建设基础;在教师教育上有较高的研究水平与能力;

(3)聘请高水平职业院校教师、企业技术人员担任教育实践和工程实践指导教师。

8.2　专业条件

8.2.1　专业资料

图书、期刊、音像资料种类齐全,质量较好,并能经常补充新出版的书刊,能满足教师教学与学生学习的需求。有一定数量的国内外交流资料,有保留价值的图纸、文件等。

8.2.2　实践条件

(1)具备实现专业教育目标所必需的场地条件,包括教室、实习场地、实验室等;

(2)具有满足本专业学生进行绘图设计、金工实习、测试测量、制造和控制等训练或实验的仪器设备,让学生能够学习应用现代化的工程工具;

(3)具有一定数量、设备齐全的案例讨论教室和教师训练微格教室,满足学生进行教育教学技能训练的需求;

(4)使用多媒体设施进行教学,要求50%以上的核心课程应用多媒体教学课件。

8.3　实践基地

(1)有相对稳定的校内外实践基地,努力使各类实验室向学生全面开放,为学生提供优越的实践环境和条件。加强与业界的联系,让学生及时了解社会和行业的需求,建立稳定的产学研合作基地。

(2)建设大学生科技创新活动基地,强化学生的创新意识,激发学生的创造热情;通过各级各类竞技设计比赛,带动学生广泛参与科技活动,提升大学生的创造能力、综合设计能力和工程实践能力。

8.4　外部合作资源

(1)加强与职业院校的联系,应与至少2个职业学校建立校外教育实习基地,保障教育见习/实习任务顺利开展。

(2)加强与企业行业的联系,应与至少2家企业组成联盟,建立校外实践基地。

中等职业学校
机械电子工程类专业教师指导标准
（提交审议稿）

为全面贯彻落实党的教育方针，做"四有"好老师，加强中等职业学校"双师型"专业教师队伍建设，促进教师专业化发展，根据《中华人民共和国教师法》《中华人民共和国劳动法》《中华人民共和国职业教育法》，在《中等职业学校教师专业标准（试行）》的基础上，制定《中等职业学校机械电子工程类专业教师指导标准》。

中等职业学校专业教师是履行中等职业学校教育教学职责的专业人员，需经过严格、规范的培养与训练，具有良好的职业道德，掌握系统的专业知识和专业技能、教学知识和教学技能，具有企业、学校的工作经历或实践经验并达到一定的职业技能水平。

符合本标准的职教师资，可以承担中等职业学校机电技术应用（专业代码051300）、数控技术应用（专业代码051400）、机电设备安装与维修（专业代码051600）和机电产品检测技术应用（专业代码052300）等专业的教育教学工作。

本标准是对中等职业学校专业教师的基本要求，是中等职业学校专业教师开展教育教学活动的基本规范，是中等职业学校对专业教师进行管理的基本依据，是引领中等职业学校教师专业化发展的基本准则，是职教师资培养院校开展培养培训工作的重要依据。

一、基本理念

（一）师德为先

热爱职业教育事业，具有职业理想、敬业精神和奉献精神，践行社会主义核心价值观，履行教师职业道德规范，依法执教。坚持立德树人根本任务，为人师表，教书育人，自尊自律，关爱学生，团结协作。以人格魅力、学识魅力、职业魅力教育感染学生，做学生职业生涯发展的指导者和健康成长的引路人。

（二）学生为本

培养德智体美劳全面发展的社会主义建设者和接班人，遵循学生身心发展规律，树立人人皆可成才的职业教育观。以学生发展为本，培养学生的职业兴趣、学习兴趣和自信心，激发学生的主动性和创造性，发挥学生特长，挖掘学生潜质，为每一个学生提供适合的教育，提高学生的就业能力、创业能力和终身学习能力，促进学生健康快乐成长，学有所长，全面发展。

（三）能力为重

在教学和育人过程中，把专业理论与职业实践相结合、职业教育理论与教育实践相结合；遵循职业教育规律和技术技能人才成长规律，提升教育教学专业化水平；坚持实践、反思，再实践、再反思，不断提高专业能力。

向学生传授专业知识与职业技能；帮助学生树立正确的职业观与岗位观；能够为企业行业提供技术服务；具有与企业合作的意识。

（四）终身学习

学习职业教育与专业教学相关理论、专业知识与职业技能，学习和吸收国内外先进职业教育理念与经验；参与职业实践活动，了解机械电子工程相关产业发展、行业需求和职业岗位变化，不断跟进技术进步和工艺更新；优化知识结构和能力结构，提高文化素养和职业素养；具有终身学习与持续发展的意识和能力，做终身学习的典范。

二、基本内容

本标准包括职业理念与师德、职业教育知识与能力、专业知识与能力、专业教学能力 4 个维度，含 16 个领域、78 条基本要求（其中 52、53、54、55 条为并行要求，中等职业学校的 4 个专业的每个专业实为 75 条基本要求）。

维度	领域	基本要求
职业理念与师德	（一）教师职业理解与认识	1. 贯彻党和国家教育方针政策，遵守教育法律法规，理解和吸收现代职业教育教学理念。 2. 理解职业教育工作的意义，把立德树人作为职业教育的根本任务。 3. 认同中等职业学校教师的专业性和独特性，注重自身专业发展，注重职教特色的行业性、专业性、实践性、地域性和创业创新性。 4. 理解机械电子工程类专业教师职业特点和从业理念。
	（二）对学生的态度与行为	5. 关爱学生，重视学生身心健康发展，保护学生人身与生命安全。 6. 尊重学生，维护学生合法权益，平等对待每一个学生，采用正确的方式方法引导和教育学生。 7. 信任学生，积极创造条件，促进学生的自主发展。 8. 了解学生，平等地与学生进行沟通交流，建立良好的师生关系。
	（三）教育教学态度与行为	9. 树立育人为本的理念，将学生的知识学习、技能训练与品德养成相结合，重视学生的全面发展。 10. 遵循职业教育规律、技术技能人才成长规律和学生身心发展规律，培养学生的职业能力。 11. 营造勇于探索、积极实践、敢于创新的氛围，培养学生的动手能力、人文素养、规范意识和创新意识。 12. 引导学生自主学习、自强自立，培养学生的职业敬畏之心，培养学生的职业意识，使学生养成良好的学习习惯和职业习惯。
	（四）个人素养与行为	13. 热爱职业教育。富有爱心、责任心，具有让每一个学生都能成为有用之才的坚定信念。 14. 具有良好的品德修养和职业道德，具有一定的人文素养、健康的体魄和良好的心理调控能力。 15. 具有刻苦钻研、精益求精、吃苦耐劳、积极进取、爱岗敬业的工作态度。 16. 坚持实践导向，身体力行，做中教，做中学。 17. 具有良好的人际交往能力、团队合作能力、协同发展能力。 18. 具有正确使用国家通用语言文字表达的能力。 19. 具有良好的自然科学、人文社会通识性知识基础、外语水平和艺术审美素养。 20. 衣着整洁得体，语言规范健康，举止文明礼貌。

续表

维度	领域	基本要求
职业教育知识与能力	（五）教育知识	21. 掌握职业教育的内涵与本质；掌握机械电子工程类专业的知识体系和基本规律。 22. 熟悉技术技能人才成长规律及教育方法。 23. 了解经济社会发展与职业教育的关系。 24. 了解本专业与相关职业的关系，了解本专业相关标准及职业资格要求。
	（六）班级管理	25. 掌握中等职业学校学生特点。 26. 掌握班级关系协调与控制方法。 27. 具备组织学生课外活动的能力。 28. 具备应对班级突发事件的能力。
	（七）学生指导	29. 指导学生进行专业学习及各类实践活动。 30. 帮助学生进行职业生涯规划，提供就业创业指导。 31. 引导学生树立正确的职业观、择业观和创业观，培养一定的职业意识和创新创业意识。 32. 了解学生不同教育阶段的心理特点和学习特点，为学生提供学习、生活和就业的心理疏导，培养学生适应职业变化的能力。 33. 开展协同育人，共同促进学生发展。
专业知识与能力	（八）学科专业基本知识与能力	34. 掌握机械电子工程类专业所需数学、力学、机、电、液、气、光、计算机及管理等学科的基本知识。 35. 了解安全生产、环境保护等知识。 36. 能查阅文献、手册、标准和有关技术资料。 37. 能正确选择并使用常用工夹量具、仪器仪表及辅助设备。 38. 能识读并绘制二、三维机械零件图及装配图。 39. 能识读机电设备控制电路图，能绘制电气控制原理图。 40. 能撰写设计说明书、相关技术文档及科研论文。
	（九）从事专业的知识与能力	41. 掌握机电技术应用（051300）、数控技术应用（051400）、机电设备安装与维修（051600）、机电产品检测技术应用（052300）专业方向所需的材料、工艺、加工、控制、美学等知识。 42. 掌握典型机电设备的原理及相关知识，掌握典型机电设备的拆装、维护、维修知识，掌握二维三维绘图软件，掌握普通及数控机床操作和数控编程相关知识。 43. 具有编写工艺文件、作业指导书等相关技术文档的能力。 44. 具有机械产品与工艺的设计能力、加工能力与检测能力。
	（十）行业企业实践能力	45. 掌握机电行业企业和岗位的调研方法与数据分析，及时了解机电工程的发展趋势。 46. 理解行业企业典型机电设备工作原理与基本结构。 47. 掌握企业常用工夹量具、仪器仪表的正确选择与使用的基本技能。 48. 具备机电设备的一般零部件设计、制造工艺制定、设备组装调试、故障诊断与维修等专业核心能力。 49. 具有 CAD 软件应用能力。 50. 掌握处理一般工作质量事故的方法及措施。 51. 掌握机械电子工程类专业主要的技术问题及设计方法，能解决机电行业常见的技术问题。

维度	领域	基本要求
专业知识与能力	（十一）职业岗位操作能力	52. 具备一般机电设备的组装与调试、安装与验收、维护与维修能力,熟悉机电设备的管理、营销及售后服务的流程及规范(适用于机电技术应用〈专业代码 051300〉)。 53. 掌握典型数控系统的编程,能根据工艺要求编写正确的数控加工程序,并操作数控机床进行加工和质量控制(适用于数控技术应用〈专业代码 051400〉)。 54. 掌握典型机电产品的安装、组装与调试、运行维护、故障诊断及维修的方法,能实施机电产品的安装、测试及检修(适用于机电设备安装与维修〈专业代码 051600〉)。 55. 掌握机电设备及自动化生产线常见故障的检测与处理方法,能选配、更换自动化生产线易损标准零部件(适用于机电产品检测技术应用或自动化生产线运行技能〈专业代码 052300〉)。 56. 取得本专业中级及其以上职业资格证。
专业教学能力	（十二）课程教学知识	57. 了解职业教育课程类型及课程改革趋势。 58. 熟悉所教课程在专业人才培养中的地位和作用。 59. 掌握所教课程的理论体系、实践体系、课程标准及教学方法与策略。 60. 掌握学生专业学习认知特点和技术技能形成的过程及特点。 61. 具有理论实践相结合的能力,能够将所教课程内容与生产实践紧密结合。
	（十三）专业教学设计	62. 坚持以学生为主体,以综合职业能力为主线,以实践能力为核心的教学观。 63. 在教学活动的安排上,坚持以典型产品(过程或服务)为载体;在教学达成目标上,坚持以职业标准、行业规范为参照。 64. 解读课程标准,设计优化教学目标和教学计划。 65. 基于职业岗位典型工作过程设计教学材料,创设教学过程和教学情境。 66. 引导和帮助学生设计个性化的学习计划。 67. 以"教、学、做"合一为总体原则选择教学方法,采用案例教学法、项目教学法、现场直观教学法、情境教学法、模拟仿真教学法等多种教学方法,注重学生综合能力的培养。
	（十四）专业教学实施	68. 根据生产实践要素营造专业学习环境与氛围,注重培养学生的职业兴趣、学习兴趣和自信心。 69. 利用教学资源,采用有效的教学方法,组织与实施专业教学活动。 70. 调控教学过程,具备指导学生主动学习、设计学习计划、实施技能训练、解决实际问题的能力。 71. 开发有效的教学资源。
	（十五）专业教学评价	72. 掌握教学评价的基本内容、方法、程序,确定评价标准。 73. 根据专业培养目标和课程教学目标,结合行业和企业岗位能力要求,运用多元评价方法,进行教师教学工作、学生学习效果评价。 74. 具备分析、运用评价结果的能力,根据评价结果及时调整和改进专业教学工作。
	（十六）教学研究与专业发展	75. 能收集、分析毕业生供求信息,反思和改进教育教学工作。 76. 掌握调查法、实验法、比较法等常用教研方法。 77. 能参加校本教学研究和教学改革,申报教学研究课题,撰写教学研究论文。 78. 制订个人专业发展规划,不断提高自身专业素质。

三、使用建议

（1）各级教育行政部门可将本标准作为评价中等职业学校专业教师队伍建设的基本依据，作为中职学校相关专业教师准入、选聘的参考，作为职教师资本科专业评估认证和质量评价的依据。

（2）培养院校要将本标准作为中等职业学校专业教师培养的基本要求，制订培养方案、教学大纲，编写和选用教材，采用适宜的教学方法，加强职教师资理论与实践技能的培养与训练，选、建、用好企业和中等职业学校实践基地，提高培养质量和效果。

（3）中等职业学校要将本标准作为专业教师管理的重要依据，按照教师职业理念与师德、职业教育知识与能力、专业知识与能力、教学知识与能力等具体要求，严格教师选聘，完善教师岗位职责和考核评价制度，促进教师专业化发展。

（4）中等职业学校教师要将本标准作为自身专业化发展的基本准则，制订个人专业发展规划，增强专业发展的自觉性，开展教育教学改革与创新，不断更新专业知识，增强实践技能，提高专业化水平。

（5）行业企业等单位可参照本标准开展职教师资培养培训，制订实训方案，选聘企业导师，提供实践实训条件。学校聘请的企业兼职教师要把本标准作为自身专业发展和开展教育教学的重要依据。